21世纪全国高职高专建筑设计专业技能型规划教材

# Photoshop
# 效果图后期制作

主　编　脱忠伟　姚　炜
副主编　郑恩峰　张伟孝
参　编　李艳勤　崔　慧　范宣波　刘敬华

北京大学出版社
PEKING UNIVERSITY PRESS

## 内容简介

本书以Photoshop CS3软件的使用为例，介绍了使用Photoshop图像处理软件对室内外建筑装饰效果图进行后期加工处理的方法和技巧。本书编写时，注重软件操作与专业设计的结合；以工作过程为基础，讲解了Photoshop软件在制作室内外建筑装饰效果图上的应用；在对典型工作任务分析后，选择有代表性的学习任务具体讲解，将Photoshop软件的知识点融入典型设计任务中，使学生在学习过程中不断体会软件操作与专业设计及应用的关系，强化其专业性和职业性，体现“实效”与“实用”的教学原则。

本书可作为高职高专院校建筑设计、建筑装饰设计、环境艺术设计等专业的教学用书，也适用于对计算机图像处理与制作感兴趣的计算机爱好者，同时也可作为不同层次院校及社会培训机构的教材。

**图书在版编目(CIP)数据**

Photoshop 效果图后期制作/脱忠伟，姚炜主编．—北京：北京大学出版社，2011.1

(21世纪全国高职高专建筑设计专业技能型规划教材)

ISBN 978-7-301-16073-2

Ⅰ.①P… Ⅱ.①脱… ②姚… Ⅲ.①图形软件，Photoshop—高等学校：技术学校—教材 Ⅳ.①TP391.41

中国版本图书馆 CIP 数据核字(2010)第 153924 号

**书　　名**：Photoshop 效果图后期制作

**著作责任者**：脱忠伟　姚　炜　主编

**策 划 编 辑**：赖　青　杨星璐

**责 任 编 辑**：杨星璐

**标 准 书 号**：ISBN 978-7-301-16073-2/TU・0109

**出 版 者**：北京大学出版社

**地　　址**：北京市海淀区成府路 205 号 100871

**网　　址**：http://www.pup.cn　http://www.pup6.com

**电　　话**：邮购部 62752015　发行部 62750672　编辑部 62750667　出版部 62754962

**电 子 邮 箱**：pup_6@163.com

**印 刷 者**：北京大学印刷厂

**发 行 者**：北京大学出版社

**经 销 者**：新华书店

787mm×1092mm　16 开本　12.75 印张　291 千字

2011 年 1 月第 1 版　2011 年 1 月第 1 次印刷

**定　　价**：52.00 元

# 前言

计算机软件在现代设计中的应用已非常广泛，在进行室内外建筑装饰效果图及效果图后期处理中同样离不开各种软件的应用。

目前，用于制作室内外建筑装饰效果图的软件很多，主要有3ds max和otoshop软件。3ds max是通过矢量的方法构建立体模型，最终需要将立体模型维映射图以位图的形式输出，而输出后的图像则还要在Photoshop中进行后期作。3ds max作为三维软件在处理环境氛围和制作真实配景时功能是比较单的，如果用Photoshop则可以非常便捷地完成此类任务，只需将配景图像与最3ds max输出场景图像相融合即可，如人物、汽车、天空和树木等。同时，otoshop还可以对输出的图像做进一步的修改编辑，如配景的融合、色调明暗的式、图像精度等。不难看出，3ds max和Photoshop软件的功能特点是有很大区的，只有在应用中将二者紧密结合，发挥各自软件的特点，才能够制作出比较美的效果图。

传统的Photoshop教材大多注重介绍软件系统的完整性，往往侧重于按照软件构分章节编写，其优点在于能够比较全面地展示Photoshop软件的各类工具和操方法，不足之处在于内容分解后不利于学生对处理实际设计任务的整体认识，至弱化了软件应用，往往是学生在学习过程中能够完成基本操作，但在面对实设计任务时则显得无从下手。

本书在编写时，注重软件操作与专业设计的结合，对室内外建筑装饰效果图处理应用建立在工作过程的基础上。在对典型工作任务分析后，选择有代表性学习任务详细讲解，将Photoshop软件的知识点融入典型设计任务中，使学生在习过程中不断体会软件操作与专业设计及应用的关系，强化其专业性和职业，体现“实效”与“实用”的教学原则。

本书由淄博职业学院脱忠伟、浙江广厦建设职业技术学院姚炜担任主编，邢职业技术学院郑恩峰、浙江广厦建设职业技术学院张伟孝担任副主编，淄博职学院李艳勤、崔慧，日照职业学院范宣波，石家庄铁路职业技术学院刘敬华参。张伟孝编写第1、8章，崔慧编写第2章，刘敬华编写第3章，李艳勤编写第4，范宣波编写第5章，郑恩峰编写第6、7章，姚炜编写第9、10章。

本书配套素材包（包括有关插件、图片等素材）可在北京大学出版社第六事部的网站（www.pup6.com）进行下载。由于时间仓促，加之作者水平有限，中难免存在疏漏之处，恳请广大读者批评指正。

编者

2010年11月

# 目录

# CONTENTS

# 第1章 Photoshop CS3应用基础

## 教学目标

通过对Photoshop CS3应用基础知识的学习，了解Photoshop CS3的基本概念，掌握Photoshop CS3相关的基础操作。

## 教学要求

| 能力目标 | 知识要点 | 权重 |
| --- | --- | --- |
| 掌握Photoshop CS3相关的基础操作 | 工作界面特点及操作 | 35% |
| 掌握Photoshop CS3的图像色彩模式与文件格式 | 不同色彩模式特点及不同文件格式特点 | 35% |
| 了解图层的概念和基本操作 | 图层概念的建立 | 30% |

引例

图1.1 建筑装饰效果图

**运用计算机完成效果图制作主要运用3ds max和Photoshop软件来完成，3ds max是通过矢量的方法构建立体模型，而效果图最后是以位图的形式输出，三维软件在处理环境氛围和制作真实配景时功能是有限的，而Photoshop软件在效果图后期制作加工中却可以发挥其强大的功能，能非常便捷地完成此类任务，如处理光影、调整色调、添加真实配景等。只有将3ds max和Photoshop相互配合，发挥各自功能优势，才可以制作出完美的效果图。需要思考的问题是如何整体理解Photoshop软件，以及掌握Photoshop软件的基本应用。**

## 1.1 | Photoshop CS3简介

作为Adobe的核心产品，Photoshop CS3历来最受关注，选择Photoshop CS3的理由不仅是它会完美兼容Vista，更重要的是几十个激动人心的全新特性，诸如支持宽屏显示器的新式版面、集20多个窗口于一身的dock、占用面积更小的工具栏、多张照片自动生成全景、灵活的黑白转换、更易调节的选择工具、智能的滤镜、改进的消失点特性、更好的32位HDR图像支持等。另外，Photoshop从CS3首次开始分为两个版本，分别是常规的标准版和支持3D功能的Extended（扩展）版。

## 1.2 | Photoshop CS3工作窗口

Photoshop CS3的窗口环境是编辑和处理图形图像的操作平台，它由标题栏、菜单栏、工具选项栏、工具箱、控制面板、图像窗口以及状态栏组成，如图1.2所示。Photoshop CS3与之前的版本相比较，工作窗口有了较大的改变，可以将工具箱和控制面板展开，也可以将控制面板缩小到最小，以节省空间。

标题栏
菜单栏
工具选项栏
控制面板
工具箱
状态栏

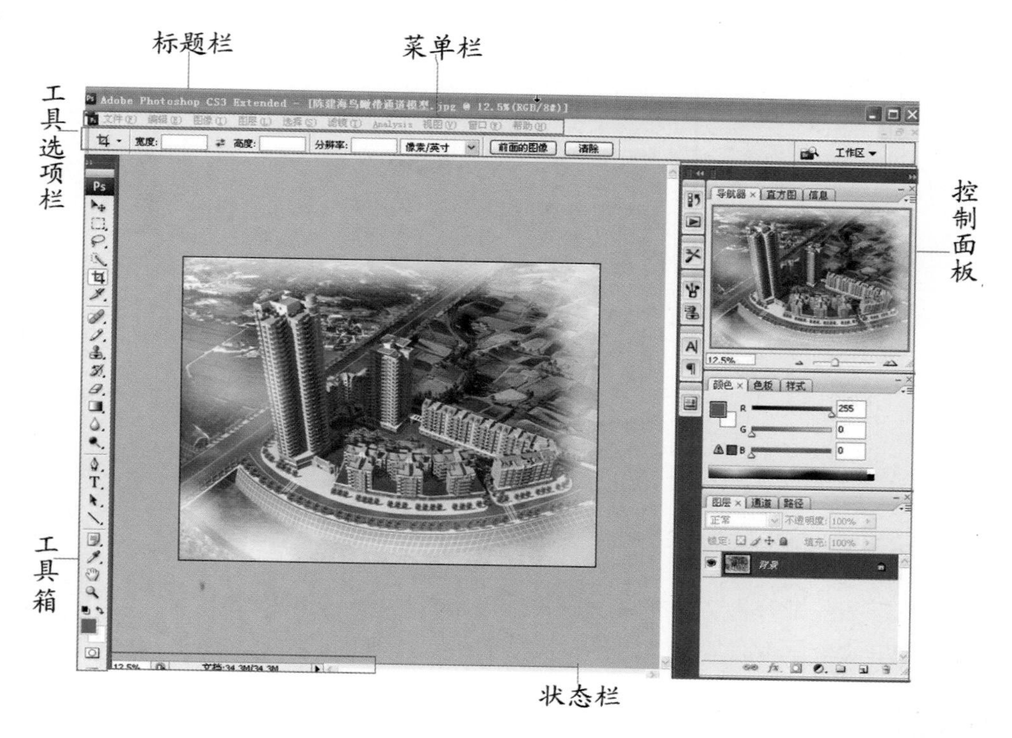

图1.2 Photoshop CS3工作窗口

## 1.2.1 标题栏

Photoshop CS3 程序中的标题栏位于工作窗口的最顶端，呈蓝色渐变色，与所有基于Windows平台的应用程序一样，主要显示程序图标与程序名称。

单击标题栏左边的Photoshop CS3图标，将弹出控制菜单。菜单内的命令主要针对程序窗口的尺寸、位置、打开及关闭操作进行控制。

标题栏右边的窗口控制按钮由“最小化”、“最大化/还原”和“关闭”按钮组成。单击“最小化”按钮，窗口将缩小为任务栏中的一个小图标。单击“还原”按钮，工作窗口将缩小为一部分，显示在屏幕中间。此时“还原”按钮转换为“最大化”按钮，单击该按钮，工作窗口将放大并覆盖整个屏幕。

## 1.2.2 菜单栏

菜单栏位于标题栏的下方，是Photoshop CS3 的重要组成部分。它包含大部分功能命令，并按其功能分到10个菜单中，如图1.3所示。

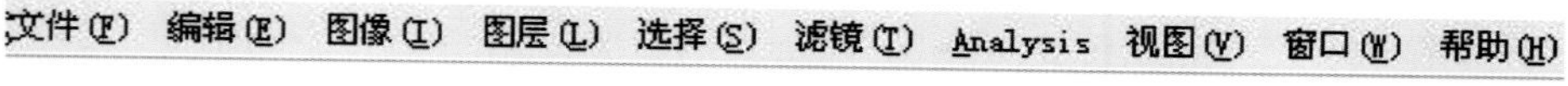

文件(F) 编辑(E) 图像(I) 图层(L) 选择(S) 滤镜(T) Analysis 视图(V) 窗口(W) 帮助(H)

图1.3 菜单栏

这些菜单是按主题进行组织的。例如，“图像”菜单中包含的是用于处理图像的相关命令。如果命令为浅灰色，则表示该命令在当前状态下无法执行。

在下拉菜单中有些命令右边有字母组合键，为该命令的键盘快捷键，如图1.4所示。按该组合键即可执行相应的命令。使用键盘快捷键有助于提高操作效率。

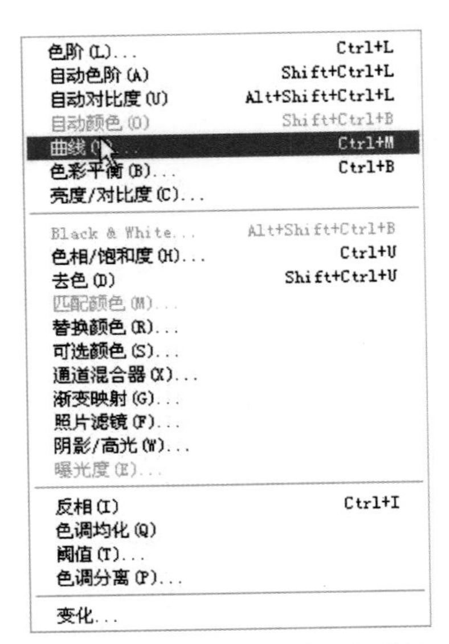


图1.4 命令快捷键

如果执行某些带有省略号的命令，将会打开与其相对应的对话框。

如果菜单命令后带有黑色三角符号，则表示在该命令下还有子菜单存在。

## 1.2.3 工具选项栏

在默认状态下，工具选项栏位于菜单栏的下方，如图1.5所示。当用户在工具箱中选择某工具时，工具选项栏中就会显示相应的属性和控制参数，外观也将随工具的改变而变化。

图1.5 工具选项栏

在选项栏左侧显示的是当前处于选择状态的工具图标，单击图标右侧的三角按钮，将打开该工具的工具预设面板，可以存储和重复使用工具设置。

在选项栏右侧固定包含一个“转到Bridge”按钮和一个“工作区”按钮。单击“工作区”按钮，将弹出如图1.6所示的菜单，可以选择各种工作区设置。如果要将工作区恢复为默认设置，在该菜单中执行“默认工作区”命令即可。

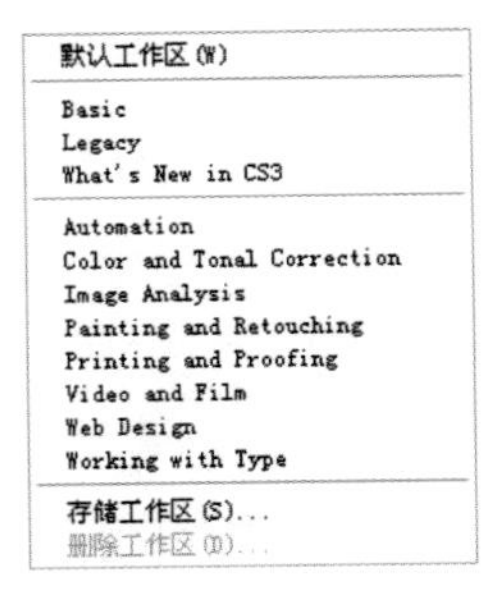


图1.6 “工作区”菜单

## 1.2.4 工具箱

在默认情况下，工具箱位于屏幕的左侧。单击工具箱顶部的三角按钮，可以调整工具箱的显示状态。

工具箱将Photoshop 的功能以图标形式聚集在一起，从工具的形态就可以了解该工具的功能。在键盘中按相应的快捷键，也可从工具箱中自动选择相应工具。工具按钮呈凹下状态时即表示该工具已经被选中。

在标有三角符号的工具图标上长按鼠标左键或右击，就会弹出功能相近的隐藏工具。

位于工具箱下方的颜色按钮是用来指定前景色和背景色的工具。系统默认的前景色和背景色为黑色和白色。按D键可以默认设置。

在颜色按钮下方为“以快速蒙版模式编辑”按钮，单击该按钮，将进入快速蒙版模式。

在“以快速蒙版模式编辑”按钮下方为Change Screen Mode按钮，单击并保持鼠标按下，将弹出如图1.7所示的快捷菜单，从中选择合适的模式。

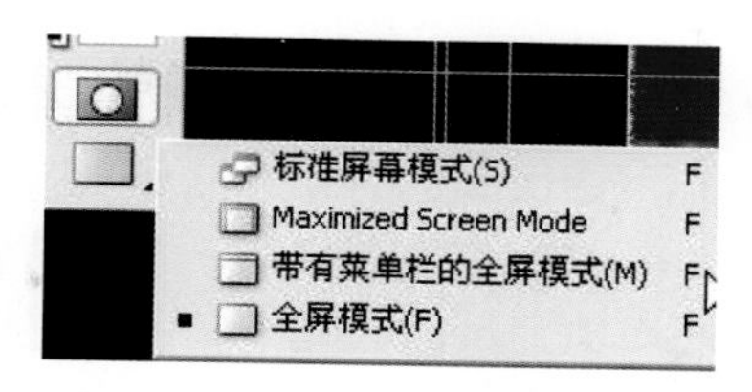


图1.7 Change Screen Mode按钮

## 1.2.5 图像窗口

图像窗口是图像文件的显示区域，也是编辑或处理图像的区域。在图像窗口的标题栏中显示了文件名称、格式、缩放比例、颜色模式和状态等相关信息。

如果当前文档是新建的并且尚未保存，则文件名称显示为“未命名”加上连续的数字。

## 1.2.6 控制面板

控制面板汇集了图像操作中常用的功能，可帮助用户监视和修改图像。Photoshop CS3提供了21个控制面板，如图1.8所示，所有控制面板被列在“窗口”菜单中。

在屏幕右侧，列出了较常用到的17种控制面板。

在默认状态下，控制面板以2组、3组或4组方式堆栈在一场显示，用户可以根据自己的操作习惯将它们任意组合或分离。

单击面板右上角的“最小化”按钮，即可将其最小化。单击面板右上角的“最大化”按钮，即可将面板重新显示。

下面简单介绍各个面板的用途，如图1.9所示。

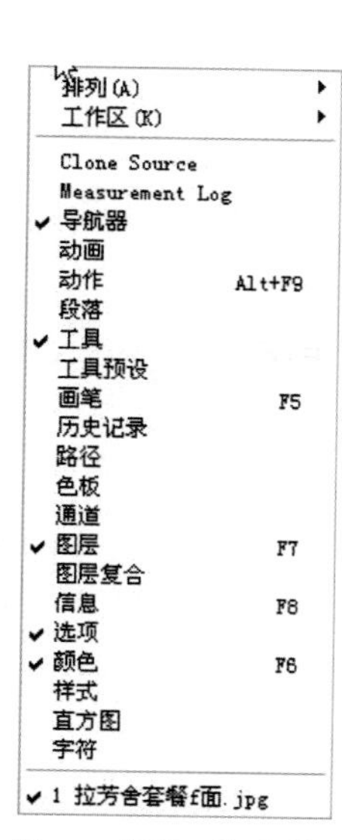


图1.8 “窗口”菜单

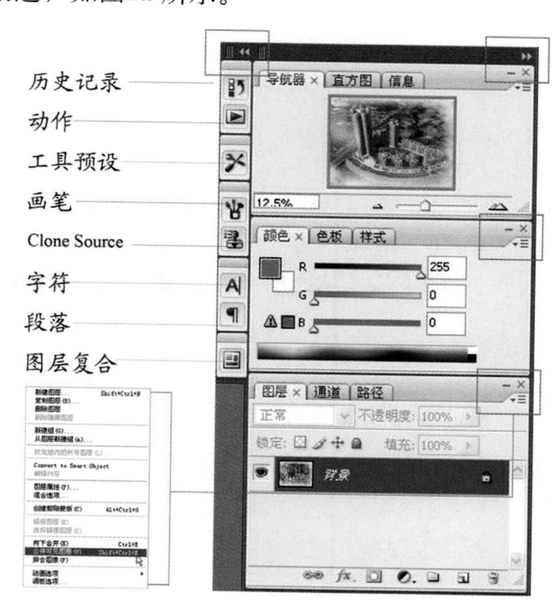


图1.9 控制面板

“导航器”面板通过扩大或缩小图像来查找指定区域。利用红色的视图框便于搜索大图像。

“直方图”面板用于查看图像所有色调的分布情况。图像的颜色主要分为最亮的区域（高光）、中间区域（中间色调）和暗淡区域（暗调）3部分。

“信息”面板以数值形式显示图像信息。将鼠标的游标移动到图像上，就会显示游标下图像颜色的相关信息。

“颜色”面板用于设置背景色和前景色。颜色可通过使用鼠标拖动滑块进行指定，也可以通过输入相应颜色值进行指定。

“色板”面板用于保存常用的颜色。单击相应的色块，该颜色就会被指定为前景色；在按住Ctrl键的同时单击相应的色块，该颜色将会被指定为背景色。

“样式”面板用于为图像快速添加图层样式效果，通常用于制作立体图标。只要单击鼠标即可制作出应用特效的图像。

“图层”面板列出了图像中的所有图层、图层组和图层效果。使用该面板可以创建、隐藏、显示、复制和删除图层，并且可以设置图层间的不透明度以及创建图层蒙版等。

“通道”面板用于管理颜色信息或者利用通道指定的选区，主要用于创建Alpha通道及有效管理颜色通道。

“路径”面板可以将选区转换为路径，或者将路径转换为选区。利用该面板可以应用各种路径相关功能。

“历史记录”面板用于恢复操作过程，它将图像的操作过程按顺序记录下来。

“动作”面板可以一次完成多个操作过程。记录操作顺序后，在其他图像上可以一次性应用整个过程。

“工具预设”面板中保存常用的工具。可以将相同的工具保存为不同的设置，因此可以提高操作效率。

“画笔”面板提供了用于设置画笔的形态、大小、材质、杂点程度、柔和效果等选项。

Clone Source面板是Photoshop CS3中新增加的控制面板。使用它可以随时调整图章工具定义的源图像，从而复制出丰富多变的图像效果。

“字符”面板提供用于设置字符格式的选项。可设置的选项有文字大、小字体、颜色、间距等。

“段落”面板可以设置与文本段落相关的选项。可调整行间距、增加或减少缩进等。

“图层复合”面板用于保存图层的组成因素，以及同一个图像的不同图层组合，从而可以更有效地完成设计。

Measurement Log面板也是Photoshop CS3中新增加的控制面板，使用该面板可以将当前使用度量工具的相关操作记录下来。

使用“动画”面板便于进行动画操作。

Photoshop CS3预设了便于记忆的快捷键，例如，与“颜色”面板相对应的快捷键是F6，与“画笔”面板相对应的快捷键是F5。读者在学习的过程中有意识地记忆某些快捷键，将会提高工作效率。

### 1.2.7 状态栏

Photoshop CS3版本的状态栏位于图像窗口下端，主要显示当前编辑图像文件的大小和缩放比例。

在按住Alt键的同时在状态栏中按住鼠标左键，将显示当前图像文件的宽度、高度、分辨率及通道数等信息，如图1.10所示。

图1.10 显示当前文件信息

# 1.3 | Photoshop CS3基本概念

## 1.3.1 常用图像色彩模式

在Photoshop CS3中，了解模式的概念是很重要的，因为色彩模式是决定显示和打印电子图像的色彩模型，即一幅电子图像用什么样的方式在计算机中显示或打印输出。常见的色彩模式包括位图模式、灰度模式、双色调模式、HSB（表示色相、饱和度、亮度）模式、RGB（表示红、绿、蓝）模式、CMYK（表示青、洋红、黄、黑）模式、Lab模式、索引色模式、多信道模式以及8位/16位模式，每种模式的图像描述和重现色彩的原理及所能显示的颜色数量是不同的，如图1.11所示。

位图(B)
灰度(G)
双色调(D)
索引颜色(I)...
✔ RGB 颜色(R)
CMYK 颜色(C)
Lab 颜色(L)
多通道(M)
✔ 8 位/通道(A)
16 位/通道(N)
32 位/通道(E)
颜色表(T)...

图1.11 常见的图像色彩模式

### 1. HSB模式

HSB模式是基于人眼对色彩的观察来定义的，在此模式中，所有的颜色都用色相或色调、饱和度、亮度3个特性来描述。

### 2. RGB模式

RGB模式是基于自然界中3种基色光的混合原理，将红（R）、绿（G）和蓝（B）3种基色按照从0（黑）到255（白色）的亮度值在每个色阶中分配，从而指定其色彩。当不同亮度的基色混合后，便会产生出256×256×256种颜色，约为1670万种。例如，一种明亮的红色可能R值为246，G值为20，B值为50。当3种基色的亮度值相等时，产生灰色；当3种亮度值都是255时，产生纯白色；而当所有亮度值都是0时，产生纯黑色。由于3种色光混合生成的颜色一般比原来的颜色亮度值高，所以RGB模式产生颜色的方法又被称为色光加色法。

### 3. CMYK模式

CMYK颜色模式是一种印刷模式。其中4个字母分别指青（Cyan）、洋红（Magenta）、黄（Yellow）、黑（Black），在印刷中代表4种颜色的油墨。CMYK模式在本质上与RGB模式没有什么区别，只是产生色彩的原理不同，在RGB模式中由光源发出的色光混合生成颜色，而在CMYK模式中由光线照到有不同比例C、M、Y、K油墨的纸上，部分光谱被吸收后，反射到人眼的光产生颜色。由于C、M、Y、K在混合成色时，随着C、M、Y、K这4种成分的增多，反射到人眼的光会越来越少，光线的亮度会越来越低，所以CMYK模式产生颜色的方法又被称为色光减色法。

#### 4. Lab模式

Lab模式的原型是由CIE协会在1931年制定的一个测定颜色的标准，在1976年被重新定义并命名为CIELab。此模式解决了由于不同的显示器和打印设备所造成的颜色幅值的差异，也就是它不依赖于设备。

Lab颜色是以一个亮度分量L及两个颜色分量a和b来表示颜色的。其中L的取值范围是0～100，a分量代表由绿色到红色的光谱变化，而b分量代表由蓝色到黄色的光谱变化，a和b的取值范围均为−120～120。

Lab模式所包含的颜色范围最广，能够包含所有的RGB和CMYK模式中的颜色。CMYK模式所包含的颜色最少，有些在屏幕上看到的颜色在印刷品上却无法实现。

### 1.3.2 常见的图像文件格式

图像文件格式是计算机表示、存储图像信息的格式。不同的厂家表示图像文件的方法不一样，所以目前也就有了上百种图像格式，常用的也有十多种，如图1.12所示。

同一幅图像可以用不同的格式进行存储，但不同的格式之间包含的信息并不完全相同，所以，图像文件的大小也就有了很大的区别。下面对几种常用的图像格式进行简单的介绍。

Photoshop (*.PSD;*.PDD)
BMP (*.BMP;*.RLE;*.DIB)
CompuServe GIF (*.GIF)
Dicom (*.DCM;*.DC3;*.DIC)
Photoshop EPS (*.EPS)
Photoshop DCS 1.0 (*.EPS)
Photoshop DCS 2.0 (*.EPS)
GIF (RD) (*.GIF)
JPEG (*.JPG;*.JPEG;*.JPE)
JPEG 2000 (*.JPF;*.JPX;*.JP2;*.J2C;*.J2K
PCX (*.PCX)
Photoshop PDF (*.PDF;*.PDP)
Photoshop Raw (*.RAW)
PICT 文件 (*.PCT;*.PICT)
Pixar (*.PXR)
PNG (*.PNG)
Scitex CT (*.SCT)
Targa (*.TGA;*.VDA;*.ICB;*.VST)
TIFF (*.TIF;*.TIFF)
便携位图 (*.PBM;*.PGM;*.PPM;*.PNM;*.PFM;
大型文档格式 (*.PSB)

图1.12 常见的图像文件格式

#### 1. Photoshop（*.PSD）

此格式是Photoshop本身专用的文件格式，也是新建文件时默认的存储文件类型。此种文件格式不仅支持所有模式，还可以将文件的图层、参考线、Alpha通道等属性信息一起存储。该格式的优点是保存的信息多，缺点是文件尺寸较大。

#### 2. BMP（*.BMP）

BMP是Windows操作系统中“画图”程序的标准文件格式，此格式与大多数Windows和OS/2平台的应用程序兼容。该图像格式采用的是无损压缩，因此，其优点是图像完全不失真，而缺点是图像文件的尺寸较大。BMP格式支持RGB、索引（Indexed）、灰度（Grayscale）及位图（Bitmap）等颜色模式，但无法支持含Alpha通道的图像信息。

#### 3. JPEG（*.JPG）

JPEG是一种压缩效率很高的存储格式，但是它采用的是具有破坏性的压缩方式，因此，该格式仅适用于保存不含文字或文字尺寸较大的图像。否则，将导致图像中的字迹模糊。就目前来说，以JPEG格式保存的图像文件多用于作为网页素材的图像。数码相机照片也多采用JPEG格式保存。JPEG格式支持CMYK、RGB、灰度等颜色模式，但不支持含Alpha通道的图像信息。

4. GIF（*.GIF）

GIF格式为256色RGB图像，其特点是文件尺寸较小，支持透明背景，特别适合作为网页图像。此外，还可利用ImageReady制作GIF格式的动画。

5. TIFF（*.TIF）

TIFF格式也是一种应用非常广泛的无损压缩图像文件格式，它支持包括一个Alpha通道的RGB、CMYK灰度模式，以及不含Alpha通道的Lab、索引、位图模式，并且可以设置透明背景。

6. Photoshop PDF（*.PDF）

该格式是由Adobe公司推出的专为网上出版而制定的。它以PostScript Level 2语言为基础，可以覆盖向量式图像和点阵式图像，并且支持超级链接。PDF格式是由Adobe Acrobat软件生成的文件格式，可以保存多页信息，其中可以包含图形和文本。此外，由于该格式支持超级链接，因此是网络信息交流经常使用的文件格式。PDF格式支持RGB、索引、CMYK、灰度、位图和Lab等颜色模式，但不支持Alpha通道。

## 1.3.3 图层的概念

Photoshop CS3的“图层”面板是用来显示图像中不同图层的图像信息的。在“图层”面板中可以完成图层的新建、复制、删除、链接等操作。图层是一层层没有厚度的、透明的“电子画布”。它的上下顺序可以任意调整。可以把图像的不同部分放在不同的图层中，叠放在一起便是一幅完整的图像。一个文件中的所有图层都具有相同的分辨率、相同的通道数和相同的图像色彩模式，如图1.13所示。

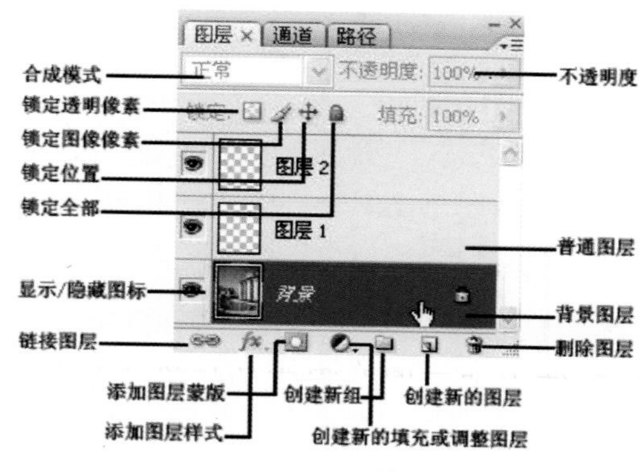


图1.13 “图层”面板

## 1.3.4 色调、色相、饱和度和对比度

色调是画面色彩的总倾向，它是由于对象在共同的光源下、共同的环境里，色彩相互对比、相互影响而形成的，是色彩对比变化而又和谐统一的结果，是画面或对象全部色彩的一种整体关系。

色相是指色彩所表现的相貌及不同色彩的面目，对色相的调整也就是在各种颜色之间变换。

饱和度是指图像颜色的色彩度，调整饱和度也就是调整图像的色彩度。将整个图像的饱和度降为0时，图像就会变成灰色的图像，增加其饱和度，就会增加图像的色彩的纯度。

对比度是指不同颜色之间的差异。对比度越大，颜色之间就相差越大；反之，则越小。

## 1.4 | Photoshop CS3文件操作及管理

启动Photoshop CS3后，可以创建或打开一个图像窗口，在这个区域中对图像进行编辑或处理。在Photoshop CS3中，用户可以创建或打开多个文件。下面将通过具体的操作步骤，介绍文件管理的相关操作。

### 1.4.1 新建文件

启动Photoshop CS3，执行“文件”|“新建”命令，打开“新建”对话框，如图1.14所示。

在“新建”对话框中可以设置新文件的名称、颜色模式等各项参数。在“预设”下拉列表框中，Photoshop CS3为用户提供了多种尺寸的画布。

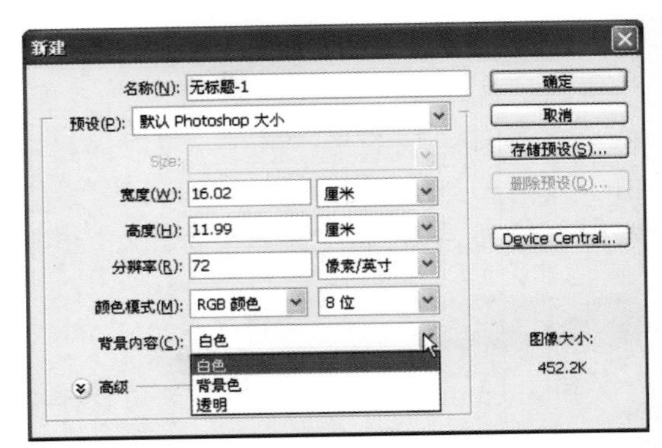


图1.14 “新建”对话框

用户可以直接使用预设文件的固定尺寸，也可以在“预设”下拉列表框下面的“宽度”、“高度”文本框中输入图像文件的宽度和高度值，自定义图像文件的尺寸。当输入参数值后，“预设”下拉列表框自动变为“Custom（自定）”。

### 1.4.2 打开文件

打开文件因文件来源不同，有“打开”和“打开为”两种方式。

（1）执行“文件”|“打开”命令，或按Ctrl+O快捷键，弹出“打开”对话框。在该对话框中寻找路径或文件，确认文件类型和名称，或通过Photoshop CS3的预览缩略图选择文件，然后单击“打开”按钮，也可以直接双击指定的图像文件名称，如图1.15（a）所示。

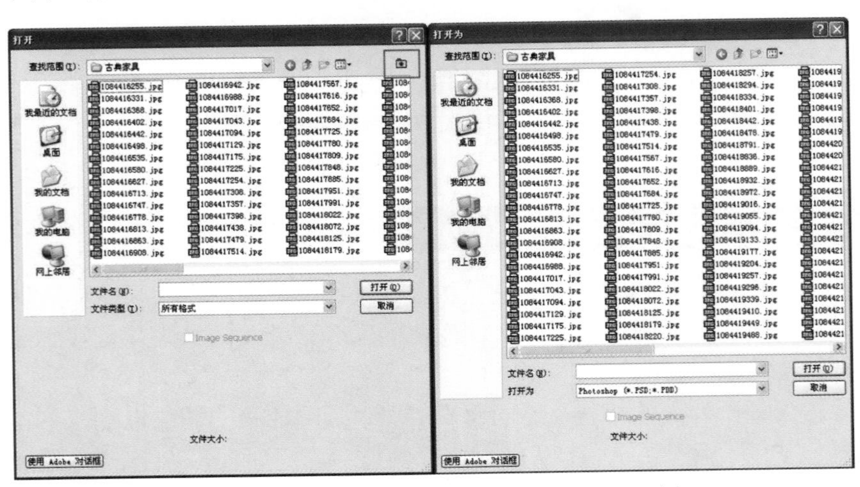


(a) (b)

图1.15 “打开”对话框和“打开为”对话框

（2）执行“文件”|“打开为”命令，或按快捷键Ctrl+Alt+O，弹出“打开为”对话框。此对话框中比“打开”对话框少了收藏夹图标，如图1.15（b）所示。

执行“文件”|“最近打开文件”命令，打开“最近打开文件”对话框。此命令的功能是记录最近处理的文件，只要选择此命令，即可快捷地打开近期处理过的文件。

### 1.4.3 保存文件

保存文件因保存时状态或目的不同，有“存储”和“存储为”两种方式。

（1）处理和编辑后的文件需要进行保存，执行“文件”|“存储”命令，或按Ctrl+S快捷键，打开“存储”对话框。如果是第一次存储，会弹出“存储为”对话框。在该对话框中的“文件名”下拉列表框内输入存储文件的名称，并选择文件格式，单击“保存”按钮即可。

（2）如果既要保留修改过的文件，又不想放弃原文件，可以使用“存储为”命令。执行“文件”|“存储为”命令，或按Ctrl+Shift+S快捷键，打开“存储为”对话框。该对话框和第一次进行保存时弹出的对话框相同。在“存储为”对话框中，可以为更改过的文件重新命名、选择路径、设定格式，然后进行存储，如图1.16所示。

### 1.4.4 关闭文件

要关闭当前使用的文件，执行“文件”|“关闭”命令，或按Ctrl+W快捷键，还可以单击图像窗口右上角的☒按钮。此时如果对文件进行过编辑而未保存，就会弹出对话框，询问是否进行保存，如图1.17所示。单击“是”按钮保存图像；单击“否”按钮，文件关闭后会维持上一次存储时的状态；单击“取消”按钮，文件不会被改变，而是维持当前的状态。而执行“文件”|“关闭全部”命令为关闭Photoshop打开的全部文件。但关闭文件并不退出Photoshop。

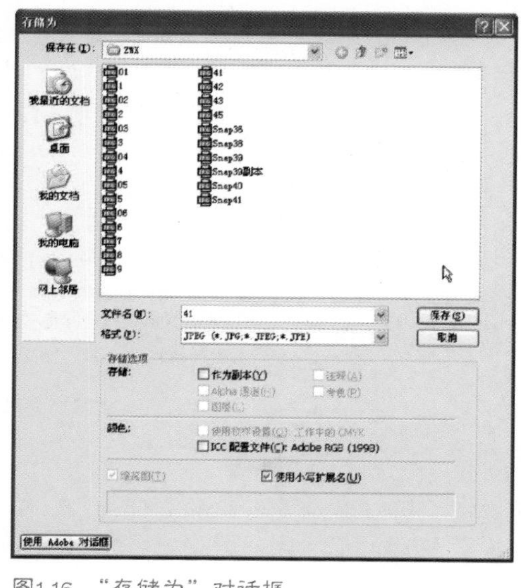


图1.16 “存储为”对话框

图1.17 关闭文件的提示信息对话框

### 1.4.5 置入文件

（1）通过执行“文件”|“置入”命令，可以将图片放入图像中的一个新图层内，

置入的图片会出现在图像中央的定界框中，如图1.18所示。

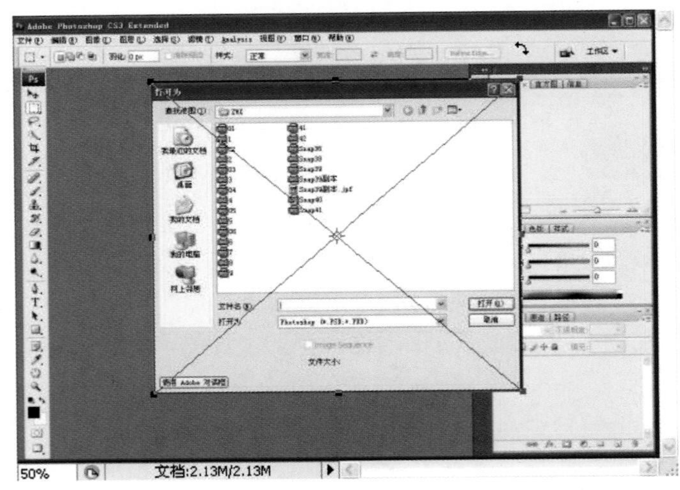


图1.18 置入文件

（2）可以通过设置工具选项栏中的参数，调整置入图像的大小、位置和角度，等比例缩小置入的图像。

### 1.4.6 退出与恢复文件

（1）执行“文件”|“退出”命令，或按Ctrl+Q快捷键，或单击图像窗口右上角的⊠按钮，均可退出Photoshop CS3软件。Photoshop CS3窗口中所有打开的文件也会关闭。此时如果对文件未保存，就会弹出对话框，询问是否进行保存。

（2）在编辑图像的过程中，如果要恢复到文件上一次的存储状态，可执行“文件”|“恢复”命令，或按F12快捷键，也可以在“历史记录”面板中进行多次恢复操作。

## 1.5 | Photoshop CS3基本图像编辑

### 1.5.1 窗口屏幕模式

Photoshop的工具箱中有4个屏幕模式按钮，在工具箱底部的按钮上长按鼠标左键或单击鼠标右键，可以显示这4个按钮，如图1.19所示。单击屏幕模式按钮或者按F键，可以在不同的屏幕模式下查看和处理图像。

| 标准屏幕模式(S) | F |
| --- | --- |
| Maximized Screen Mode | F |
| 带有菜单栏的全屏模式(M) | F |
| 全屏模式(F) | F |

图1.19 4种窗口屏幕模式

（1）标准屏幕模式：单击此按钮，可以显示默认的窗口。菜单栏位于窗口的顶部，滚动条位于侧面。

（2）Maximized Screen Mode：单击此按钮，可以显示最大化的文件窗口，窗口占用停放之间的所有可用空间，并在停放宽度发生变化时自动调整大小。

（3）带有菜单栏的全屏模式：单击此按钮，可以显示带有菜单栏和50%灰色背景，但没有标题栏和滚动条的全屏窗口。

（4）全屏模式：单击此按钮，可以显示只有黑色背景，没有标题栏、菜单栏和滚动条的全屏窗口。图1.20所示为4种屏幕模式。

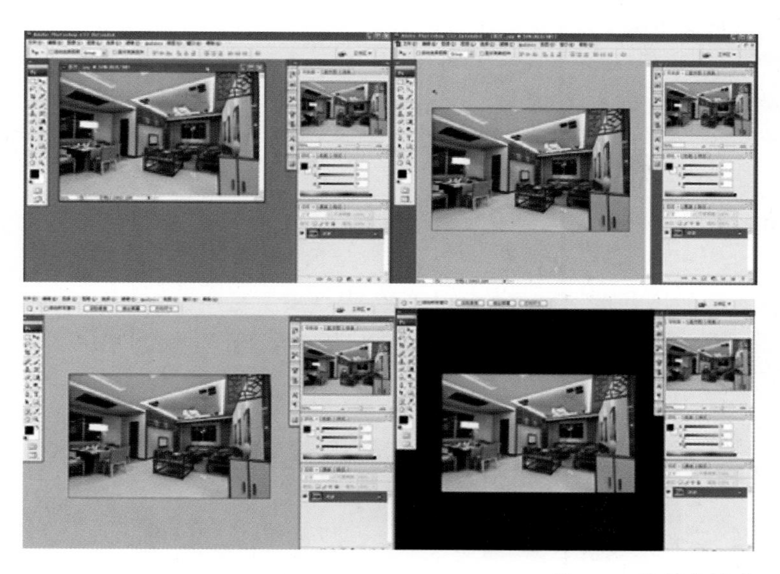

图1.20 4种屏幕模式

## 1.5.2 调整图像及画布大小

（1）在Photoshop中，可以使用“图像大小”对话框来调整图像大小。执行“图像”|“图像大小”命令，打开如图1.21所示的对话框。

在“图像大小”对话框中可以设置图像的像素、文档大小和分辨率。如果要保持当前像素宽度和高度的比例，则选中“约束比例”复选框；如果要使图层样式的效果随着图像大小的缩放而改变，可选中“缩放样式”复选框。

（2）使用“画布大小”命令可以添加或移去当前图像周围的工作区（画布）。用户还可以通过减小画布区域来裁切图像。

选择一张图像，执行“图像”|“画布大小”命令，打开如图1.22所示的对话框。

设置“画布大小”对话框，并设置“定位”项的基准点，调整图像在新画布上的位置。完毕后单击“确定”按钮，由于新设置的画布比原来的画布小，将弹出一个警告框，单击“继续”按钮，即可将画布裁切。

图像大小
像素大小:562.1K
宽度(W): 513 像素
高度(H): 374 像素
文档大小:
宽度(D): 18.1 厘米
高度(G): 13.19 厘米
分辨率(R): 72 像素/英寸
缩放样式(Y)
约束比例(C)
重定图像像素(I):
两次立方
确定
取消
自动(A)...


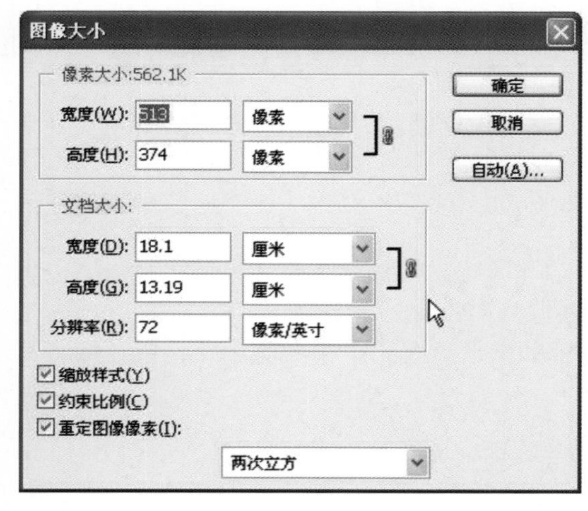

图1.21 “图像大小”对话框

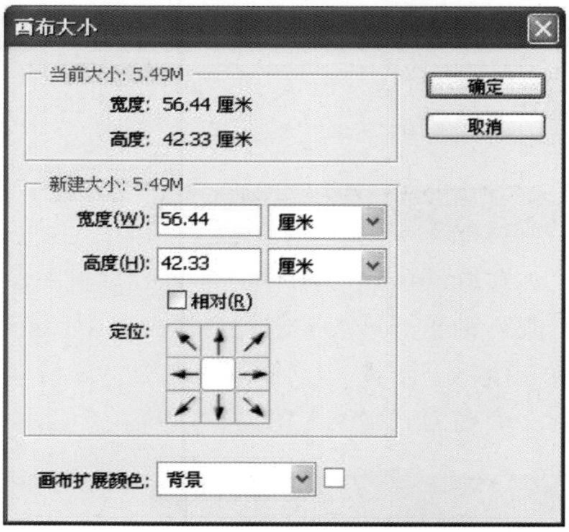

画布大小
当前大小: 5.49M
宽度: 56.44 厘米
高度: 42.33 厘米
新建大小: 5.49M
宽度(W): 56.44 厘米
高度(H): 42.33 厘米
相对(R)
定位:
画布扩展颜色: 背景
确定
取消


图1.22 “画布大小”对话框

## 1.5.3 裁剪工具

使用“裁剪工具”可以通过整齐地裁切选择区域以外的图像来调整画布大小。

确认一个文件为选择状态，接着使用“裁剪工具”在图像中要保留的部分上单击并拖移，创建一个选框。

按住Shift+Alt组合键，将右上角的角控制柄向左下角拖移，将以中心为基准点，等比例缩小选框。

按Enter键，图像被裁剪。扩展的画布颜色由当前背景色填充。

选中图1.23中的“透视”复选框，按Enter键应用裁切操作，可将图像调整为透视效果。

图1.23 “裁剪”对话框

## 1.5.4 旋转画布

利用“旋转画布”子菜单中的各个命令可以旋转或翻转整个图像，其子菜单如图1.24所示。

旋转画布的具体操作方法如下。

（1）确认一个文件为选择状态，执行“图像”|“旋转画布”|“水平翻转”命令，旋转图像。

（2）执行“图像”|“旋转画布”|“任意角度”命令，设置对话框参数，完毕后单击“确定”按钮，画布被旋转。

180 度(1)
90 度(顺时针)(9)
90 度(逆时针)(0)
任意角度(A)...
水平翻转(H)
垂直翻转(V)

图1.24 “旋转画布”子菜单

## 1.5.5 复制图像文件

在Photoshop CS3中，还可以创建图像的副本文件，将整个图像（包括所有图层、图层蒙版和通道）都复制到可用内存中，而不存储到磁盘上。

执行“图像“|“复制”命令，保持对话框的默认设置，单击“确定”按钮，即可得到一个名为“副本”的文件。

## 1.5.6 显示全部图像

当部分图像被画布遮住时，可执行“图像”|“显示全部”命令，画布被放大，将图

像文件中所有图像显示出来。

## 本章小结

本章主要讲述了Photoshop CS3的基本概念和文件操作及管理，同时也包括了Photoshop CS3的一些基本图像编辑。千里之行始于足下，掌握基础是以后进一步学习的先行条件。

## 习　题

1．选择题

（1）位于工具箱下方的颜色按钮是用来指定前景色和背景色的工具，系统默认的前景色和背景色为黑色和白色。按（　　）键可以默认设置。

A．F　　B．D　　C．A　　D．T

（2）按住（　　）键在窗口中单击文件，可以同时选择多个连续的图像文件。

A．Shift　　B．Alt　　C．Ctrl　　D．Ctrl + Shift

（3）按（　　）键可以切换屏幕模式。按Tab键可以显示或隐藏工具箱和所有面板。

A．F　　B．Alt　　C．Tab　　D．Esc

（4）有两种方法可以快速打开“新建”对话框，按住（　　）键，在工作窗口内空白处双击鼠标，或者按Ctrl+N组合键，都可打开“新建”对话框。

A．Alt　　B．Shift　　C．Ctrl　　D．Alt + Shift

（5）Photoshop本身专用的文件格式，也是新建文件时默认的存储文件类型是（　　）。

A．PSD　　B．JPG　　C．TIF　　D．BMP

2．简答题

（1）常见的图像文件格式有哪几种？并简要说明。

（2）如何理解图层的概念？在平时的设计中怎么样更好地利用图层？

（3）Photoshop CS3增加的功能对学习和设计有帮助吗？哪些功能对效果图设计最常用？

3．实训题

（1）实训目标：掌握Photoshop CS3的基本概念及Photoshop CS3相关的基础操作。

（2）实训要求：以制作一张宣传海报为实训内容，上机操作完成，在实训过程中通过学生独立制作，自找图片，从而调动学生学习的积极性和主动性。由教师介绍该实训的意义、要求和注意事项，然后将实训课题布置给学生。学生依据Photoshop的基本操作知识，分析该实训项目所需的操作命令，特别是图层的训练，上机操作按步骤进行制作。为以后的效果图后期制作打下良好的基础。

# 第2章 Photoshop CS3工具基本应用

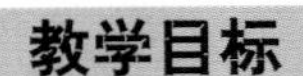

## 教学目标

通过对Photoshop CS3中选择、绘图、调整等工具的应用学习，了解各工具的使用方法，并掌握使用工具解决具体问题的能力。

## 教学要求

| 能力目标 | 知识要点 | 权重 |
| --- | --- | --- |
| 掌握选择工具的应用 | 不同选择工具的使用方法 | 35% |
| 掌握绘图工具的应用 | 不同绘图工具的特点及使用方法 | 35% |
| 掌握色彩、色调调整工具的应用 | 使用调整工具处理具体效果 | 30% |

引例

图2.1 素材效果

图2.2 应用后效果

**在一幅完成的效果图中，需要加入素材图像，以增加效果图的环境效果，这是在效果图后期处理中常用的一种处理方式，经常增加的内容主要有植物、艺术干花、艺术摆件等。设计师可以通过添加各类素材来增加空间的美感以及体现个性化空间的主题（如图2.1、图2.2所示）。这类处理可使用Photoshop中的各类选择工具、绘图工具和调整工具来完成，根据需要完成素材图像的选取、绘制以及对图像色彩色调等的调整。需要思考的问题是如何使用Photoshop中的选择工具、绘图工具和调整工具完成效果的处理。**

## 2.1 | 选择工具的应用

工具箱中有多种选择工具，主要包括选框工具和套索工具。选框工具有矩形选框、椭圆选框以及宽度为1个像素的单行和单列选框工具。套索工具有套索、多边形套索和磁性套索工具。

### 2.1.1 矩形选框工具

矩形选框工具作为最基本的选取工具，是用来选择矩形选区的。

使用方法为：单击“矩形选框工具”按钮⬚，在图像中拖拉会绘制出一个矩形选框。

**案例**：利用“矩形选框工具”⬚在图像中选出向日葵矩形图像。

操作步骤如下：

（1）打开图片，单击“矩形选框工具”按钮，在图像中绘制出一个矩形选框，如图2.3所示。

（2）按Ctrl+Shift+I快捷键，功能是反选（也就是选中选区没有选中的地方），再按Delete键，清除选区内的图像，得到想要的图像，如图2.4所示。

图2.3 原图

图2.4 图像效果

## 2.1.2 椭圆选框工具

使用方法如下。

选择“椭圆选框工具”选项◯，如图2.5所示，在图像中拖拉会绘制出一个椭圆选区。

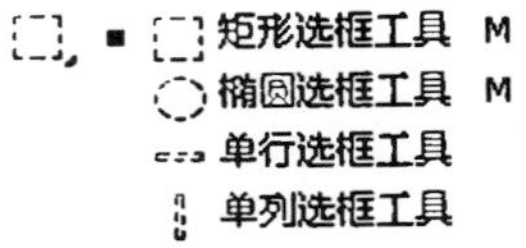

矩形选框工具 M
椭圆选框工具 M
单行选框工具
单列选框工具

图2.5 选择“椭圆选框工具”选项

提示：

**（1）按住Alt键用“椭圆选框工具”拖拉圆形区域，得到的是以鼠标起始点为中心的圆形选区；**

**（2）按住Shift键用“椭圆选框工具”拖拉圆形区域，得到的是正圆形选区；**

**（3）按住Alt+Shift组合键用“椭圆选框工具”拖拉圆形区域，得到的是以鼠标起始点为中心的正圆形选区。**

## 2.1.3 单行选框工具和单列选框工具

单行选框工具和单列选框工具是制作1像素的横线选区或者竖线选区的工具。

### 1. 使用方法

选择“单行选框工具”或“单列选框工具”选项，然后在图片上单击就可以绘制出1像素的横线选区或者竖线选区，如图2.6、图2.7所示。

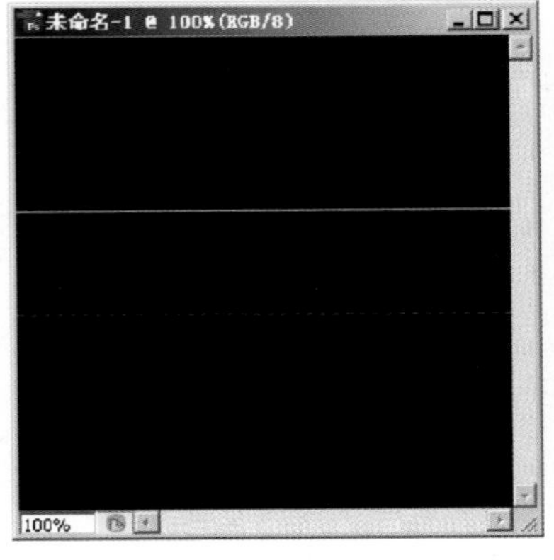

图2.6 单行选框工具绘制

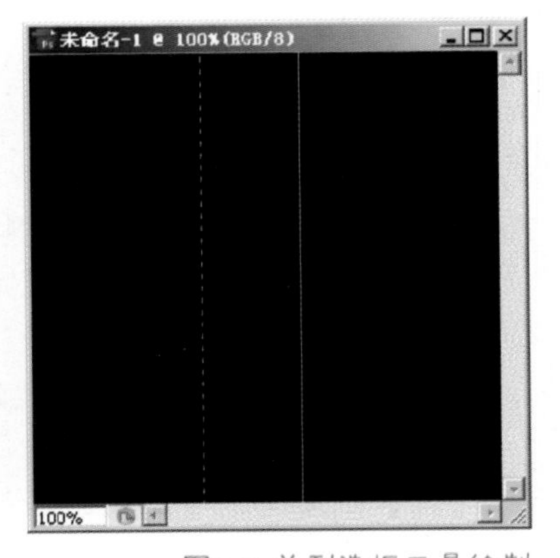

图2.7 单列选框工具绘制

提示：**用选框工具创建选区时，工具选项栏里会有一些选项，如图2.8所示。**

图2.8 选框工具选项栏

## 2. 各选项意义

（1）新选区：取消原来选区，而重新选择新的领域。

（2）添加到选区：为已经选择过的领域增加新的选择范围，如图2.9所示。

（3）从选区减去：从选区中减去所选区域，如图2.10所示。

（4）与选区交叉：在原选区和新的选区中选择重复的部分。

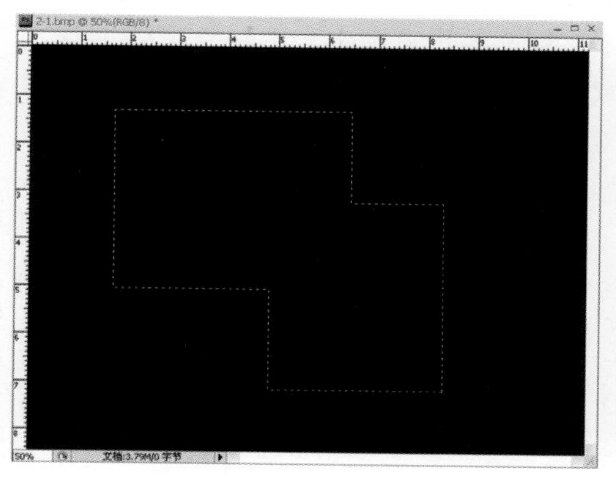

图2.9 添加到选区

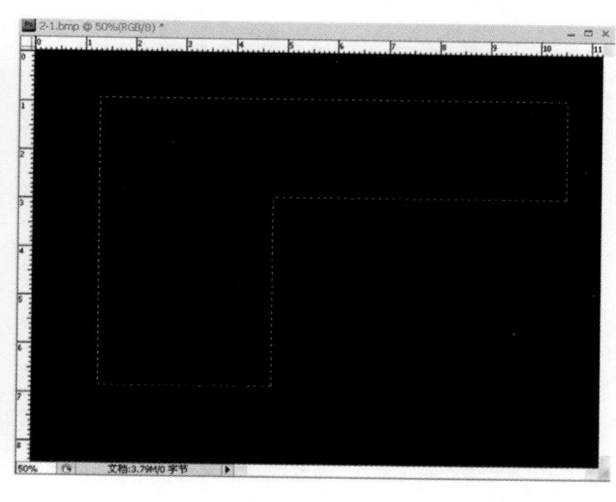

图2.10 从选区中减去所选区域

（5）羽化选区 羽化: 0 px ：将选区羽化，羽化后填充颜色，色彩边缘过渡柔和。

提示："羽化"是一个常用的命令，在后面章节中有专门的介绍。

（6）样式 样式: 正常 ：选项的内容如图2.11所示。

图2.11 "样式"选项

① 正常：表示在当前工具下可以绘制一个选区。

② 固定长宽比：固定长度和宽度的比例。

提示：**如果输入1∶1，那么绘制的矩形或者圆形将是正方形选区或者正圆选区。如果输入1∶2的时候，它的长宽比是1∶2。**

③ 固定大小：可以设置一个固定的大小，在"宽度"和"高度"文本框内输入参数。这时候图片上的选区将是设定好的大小。

### 2.1.4 套索工具

套索工具组和选框工具相比较具有选取范围相对自由的特性。

套索工具组包括3个辅助扩展工具，在套索工具图标上长按鼠标左键或右击，即出现3种扩展工具：套索工具、多边形套索工具以及磁性套索工具，如图2.12所示。

图2.12 套索工具组

套索工具根据鼠标的移动可以随意选择选取领域。其使用方法如下。

（1）单击"套索工具"按钮，单击鼠标左键选择起始点，按住鼠标左键，顺着边界线拖动光标，进行选区选取操作。拖动光标回到起始点时，松开鼠标左键能自动连接起始点和结束点，形成闭合选区，如图2.13所示。

（2）拖动光标未回到起始点而中途松开鼠标左键，光标路径也会自动连接，起始点和结束点之间以直线形式连接，形成闭合选区，如图2.14所示。

图2.13 套索工具绘制选区

图2.14 自动连接选区

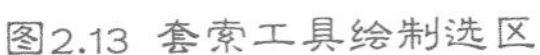

提示：**使用套索工具的过程中，为了更方便地选择图中内容，在按住Alt键的状态下松开鼠标左键，即切换到多边形套索工具，以多边形套索工具继续进行选取，单击鼠标增加一个节点，松开Alt键，自动形成闭合选区。**

案例：利用套索工具选项栏中的选项增加选区“完成草莓的选取”。

操作步骤如下。

（1）在没有选完选区的状态下单击“套索工具”按钮，再单击选项栏中的“添加到选区”按钮。

（2）将没有选中的草莓外轮廓选中，把没有选完的选区增加上，完成草莓的选取，如图2.15所示。

提示：**按Shift键也可以添加到选区。**

(a)添加选区前

(b)添加选区后

图2.15 增加选区

## 2.1.5 多边形套索工具

单击“多边形套索工具”按钮，在图中单击选择起始点，再在所选图像的各拐角处单击形成连接点，进行直线段选取操作，可以绘制不规则形状的多边形区域。

使用方法如下。

（1）起点和终点相会后，多边形套索工具右下角出现小圆圈，再单击鼠标形成闭合选区。

（2）终点未到达起始点，双击鼠标自动形成闭合选区。

提示：**使用多边形套索工具时，在按住Shift键时，即可向着垂直、水平以及对角线45°方向进行选择。**

## 2.1.6 磁性套索工具

磁性套索工具适合在色调差别较大的图片中使用，特别适用于快速选择与背景对比强烈且边缘复杂的对象。如果背景色和图片色调相互类似时，将光标移动到所需位置，并单击鼠标左键，增加紧固点，按Delete键可删除“偏离”边缘的紧固点。

使用方法如下。

（1）选择“磁性套索工具”选项，在图中单击选择起点并拖动鼠标，边框会贴紧图像边缘自动形成选区。

（2）起点和终点相会后磁性套索工具右下角出现小圆圈，松开鼠标左键自动形成闭合选区。

（3）终点未到达起点，双击鼠标自动形成闭合选区。

（4）使用磁性套索工具时，通过改变选项栏各选项参数，可以更方便、更准确地完成选区选择。选项栏各选项如图2.16所示。

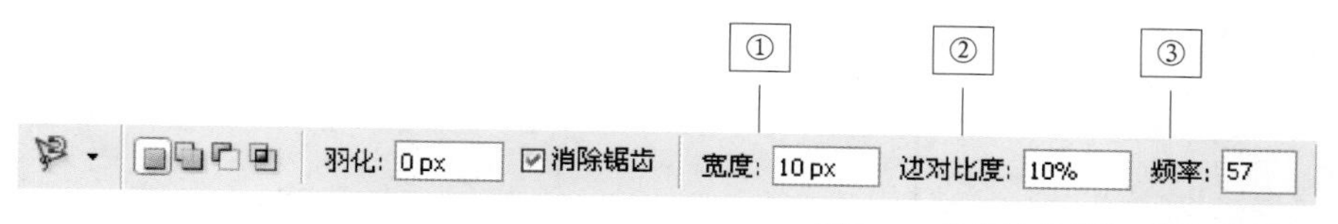


图2.16 “磁性套索工具”选项栏

① 宽度：选取对象时检测的边缘宽度，范围为1～40。数值越小越准，操作越困难（允许指针偏离的距离越小）。

② 边对比度：范围为1%～100%，较高的数值适用对比度强烈的边缘；较低的数值适用对比度低的边缘。

③ 频率：范围在1～100之间，值越大产生的紧固点越多，选区的速度越快。

## 2.1.7 使用魔棒工具创建选区

魔棒工具是颜色选取方式的工具之一。魔棒工具可以选择颜色一致的区域，而不必像磁性套索工具一样跟踪其轮廓。和套索工具组相比它具有选取速度更快捷的特性。“魔棒工具”选项栏如图2.17所示。

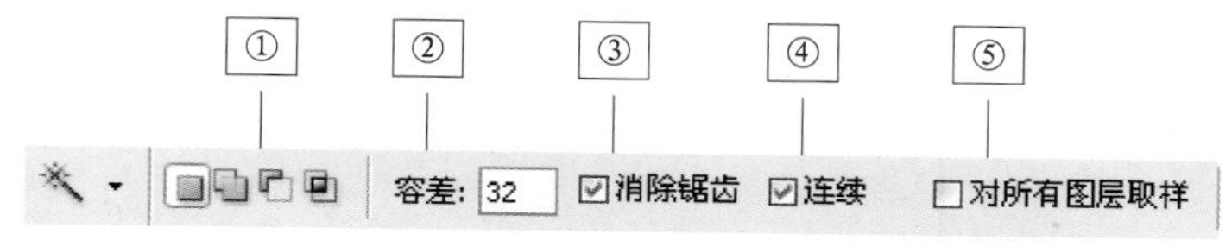


图2.17 “魔棒工具”选项栏

（1）选择模式：在2.1.3节介绍过，分别是新选区、添加到选区、从选区减去、与选区交叉。

（2）容差：以0～255之间的数值来确定选区范围的容差。输入较小值以选择与单击处的像素非常相似的颜色，输入较高值以选择颜色差别较大的色彩范围。

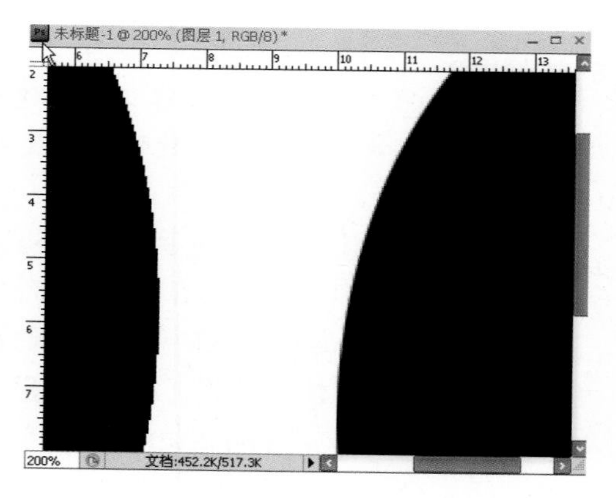


图2.18 消除锯齿

（3）消除锯齿：如图2.18所示，左边扇形没有使用消除锯齿，边缘较为生硬，有明显的阶梯状，也叫锯齿；右边扇形使用了消除锯齿，相对要显得光滑一些。所谓消除锯齿并不是真正消除，而只是采用了“障眼法”令图像看起来光滑一些。只要图像是点阵的，锯齿就永远存在。矢量图像从结构理论上来说是没有锯齿的。

（4）连续：以单击处的颜色为标准，选择“连续”复选框时，只选中相同的颜色相连的区域。否则，当前图像同一种颜色的所有像素都将被选中。

魔棒工具根据鼠标所单击的那个像素颜色作为标准，结合容差去寻找其他像素，寻找的方向就是从这个点开始，四面八方地扩散开去。

提示：

**①选中“连续”复选框，容差范围内相邻的色彩会形成一个闭合的选择区域，会看到图像中一颗红心被选中了，如图2.19所示；**

**②取消选中“连续”复选框，用魔棒工具点选任意一个红心，会看到图像中两颗红心都被选中了，如图2.20所示。**

图2.19 选中“连续”复选框

图2.20 取消选中“连续”复选框

（5）对所有图层取样：若要使用所有可见图层中的数据选择颜色，可选中“对所有图层取样”复选框。否则，魔棒工具将只从现有图层中选择颜色。

## 2.1.8 快速选择工具

快速选择工具基于画笔模式，可以“画”出所需的选区。

快速选择工具比魔棒工具更加直观和准确，只要在想选取的区域中涂画，画笔所到之处就会形成选区。快速选择工具是智能的，它会寻找色彩边缘使其与背景分离。

快速选择工具选取离边缘比较远、比较大的区域时，就要使用大尺寸的画笔；如果是选取离边缘比较近、比较小的区域，则换成小尺寸的画笔，这样才能避免选取不必要的像素。

提示：**可使用“快速选择工具”选项栏中“画笔”下拉列表中的“直径”来增减画笔大小。也可以利用快捷键快速改变画笔的大小，增大画笔按“]”键；减小画笔按“[”键。**

案例：利用快速选择工具把花瓣快速、精确地从背景中选出来。

操作步骤如下。

（1）在Photoshop CS3中打开一幅玫瑰花瓣图像，如图2.21所示。

（2）单击“快速选择工具”按钮，在花瓣上“画”出所需的选区。画笔所到之处自动形成闭合选区，如图2.22所示。

（3）单击工具选项栏中“优化边缘”按钮，在应用选区之前对选区进一步地优化。可以调整选区的半径、对比度、光滑、羽化、扩张的大小和状态，也可以一个白色或黑色的背景来观看选区。觉得选区已经优化得不错，单击“确定”按钮，如图2.23所示。

图2.21 荷花图像

图2.22 绘制选区

（4）按Shift+Ctrl+I组合键进行反选，再按Delete键除去背景，花瓣图像就从背景中选出来了，如图2.24所示。

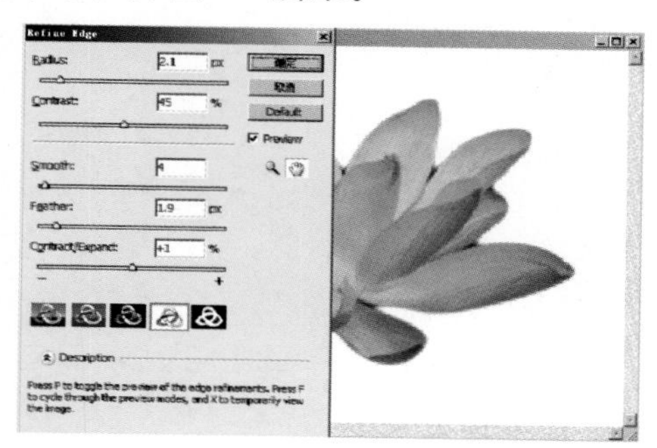
图2.23 优化边缘

图2.24 图像效果

## 2.1.9 羽化选区

羽化就是模糊选区的边缘，使选择边缘有一个由浅入深的过渡效果，羽化值越大，边缘越模糊。

使用方法如下。

选择或载入选区，执行“选择”|“修改”|“羽化”命令，弹出“羽化选区”对话框，在该对话框中输入“羽化半径”参数即可。

**提示：“羽化半径”的数值越大，羽化效果越明显。**

**案例：**利用“羽化”命令使图片边缘模糊，与另一张图片合并有一个由浅入深的过渡效果。

操作步骤如下。

（1）先打开一张“小朋友”素材图片，再打开“秋日”素材图片，将“小朋友”素材图片用移动工具拖到“秋日”素材图片上。将“小朋友”图片缩放到适度大小，放到相应位置，如图2.25所示。

（2）然后在“小朋友”图片上创建一个矩形选区。执行“选择”|“修改”|“羽化”命令，弹出“羽化选区”对话框，在该对话框中输入“羽化半径”。效果如图2.26所示。

（3）执行“选择”|“反向”命令或者按Ctrl+Shift+I快捷键反选选区，效果如

图2.27所示。再按Delete键，删除当前选中图像，如图2.28所示。

图2.25 "小朋友"素材图片

图2.26 羽化选区

图2.27 反选选区

图2.28 图像效果

## 2.2 | 绘图工具的应用

绘图工具包括画笔工具、铅笔工具和各种擦除工具，它们可以修改图像中的像素。画笔工具和铅笔工具通过画笔设置来应用颜色，类似于传统的绘图工具；擦除工具用来修改图像中的现有颜色。

### 2.2.1 画笔工具

画笔工具是最具代表性的绘图工具，可以让用户使用当前的前景色在图像上绘制线条或图形。如果设置色彩的混合模式、不透明度和喷枪选项，可绘制出柔边、硬边以及其他各种形状的线条或图形，使用不同的笔尖产生不同的效果，如图2.29所示。

提示：**要绘制直线，先在图像窗口中单击确定起点，然后按住Shift键并单击确定终点，可绘制出水平、垂直或各种角度的直线。**

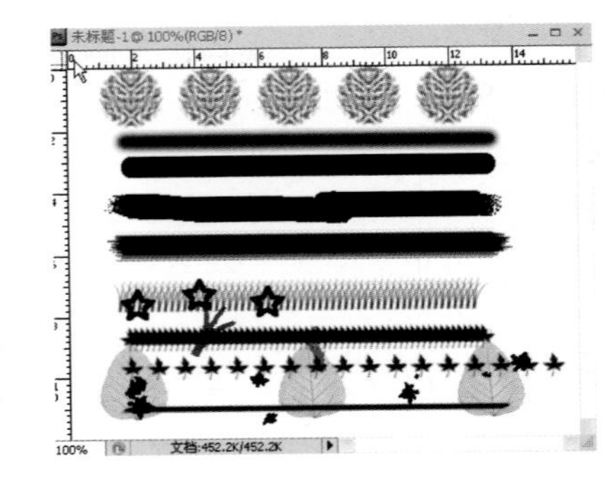

图2.29 不同的笔尖的绘制效果

### 2.2.2 铅笔工具

铅笔工具的使用方法与画笔工具相似，但铅笔工具只能绘制硬边线条或图形，与平时生活中的铅笔十分相似，如图2.30所示。

“自动抹除”复选框是铅笔工具的特有选项，可用于在包含前景色的区域绘制背景色。当开始拖移时，如果光标的中心在前景色上，则该区域将抹成背景色。如果在开始拖移时光标的中心在不包含前景色的区域上，则该区域将绘制成前景色。

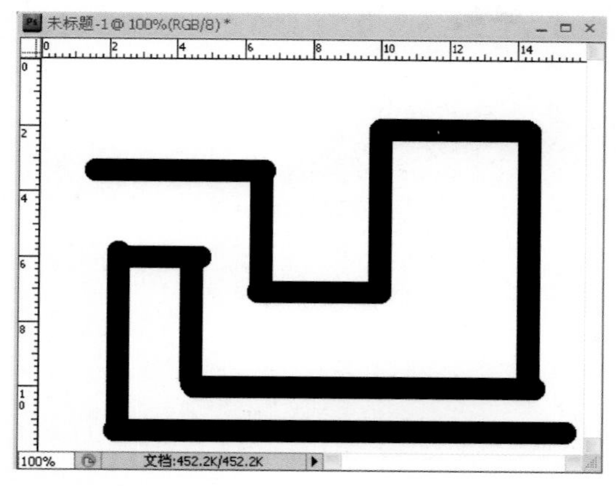


(a) 使用铅笔工具绘制的线条

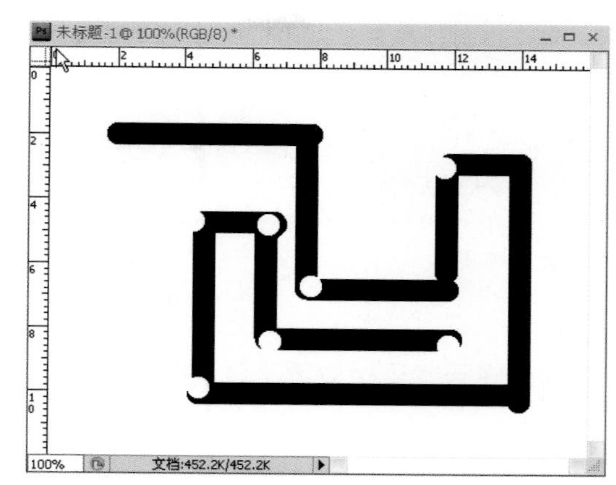


(b) 使用“自动抹除”后的效果

图2.30 使用铅笔工具绘制图形

## 2.2.3 橡皮擦工具

橡皮擦和魔术橡皮擦工具可用于将图像的某些区域抹成透明或背景色，背景橡皮擦工具可用于将图层抹成透明。

### 1. 使用橡皮擦工具

橡皮擦工具会更改图像中的像素。如果橡皮擦工具正在背景中或在透明被锁定的图层中工作，像素将更改为背景色，否则像素将抹成透明。还可以使用橡皮擦工具使受影响的区域返回到“历史记录”面板中选中的状态。

操作步骤如下。

(1) 选择“橡皮擦工具”选项。

(2) 在工具选项栏中执行下列操作。

● 选取画笔并设置画笔选项，该选项不适用于“块”模式。

● 选取橡皮擦模式：“画笔”、“铅笔”或“块”。

● 指定不透明度以定义抹除强度。100% 的不透明度将完全抹除像素，较低的不透明度将部分抹除像素。

● 在“画笔”模式中，指定流动速率。

● 在“画笔”模式中，单击“喷枪”按钮，将画笔用作喷枪。或者在“画笔”面板中选中“喷枪”复选框。

● 要抹除图像的已存储的状态或快照，可在“历史记录”面板中单击状态或快照的左列，然后选中工具选项栏中的“抹到历史记录”复选框。

● 如果要暂时以“抹到历史记录”模式使用橡皮擦工具，应按住Alt键并在图像中拖移。

(3) 在要抹除的区域拖动鼠标，效果如图2.31所示。

(a) 使用橡皮擦工具擦除效果

(b) 使用橡皮擦工具以“抹到历史记录”模式擦除效果

图2.31 橡皮擦工具在不同图层上的擦除效果

### 2. 使用背景橡皮擦工具

背景橡皮擦工具可用于在拖移时将图层上的像素抹成透明，从而可以在抹除背景的同时在前景中保留对象的边缘，如果当前图层是背景图层，擦除后，背景图层将转变为“图层0”，如图2.32所示。通过指定不同的取样和容差选项，可以控制透明度的范围和边界的锐化程度。

操作步骤如下。

（1）在“图层”面板中，选择要抹除的区域所在的图层。

（2）选择“背景橡皮擦工具”选项。

（3）单击工具选项栏中的“画笔”图标并在下拉列表中设置画笔选项。

（4）在工具选项栏中执行下列操作。

选取抹除的限制模式。“不连续”抹除出现在画笔下任何位置的样本颜色；“邻近”抹除包含样本颜色并且相互连接的区域；“查找边缘”抹除包含样本颜色的连接区域，同时更好地保留形状边缘的锐化程度。

选择“容差”，可直接输入值或拖移滑块。低容差仅限于抹除与样本颜色非常相似的区域，高容差抹除范围更广的颜色。

选中“保护前景色”复选框，可防止抹除与工具框中的前景色匹配的区域。

选取“取样”选项：“连续”随着拖移连续采取色样；“一次”只抹除包含第一次单击的颜色的区域；“背景色板”只抹除包含当前背景色的区域。

（5）在要抹除的区域拖动鼠标，背景橡皮擦工具指针会显示为画笔形状，其中带有表示工具热点的十字线 ⊕，效果如图2.32所示。

图2.32 使用背景橡皮擦的擦除效果

### 3. 使用魔术橡皮擦工具

用魔术橡皮擦工具在图层中单击时，该工具会自动更改所有相似的像素。如果用户是在背景中或是在锁定了透明的图层中工作，像素会更改为背景色，否则像素会抹为透明。用户可以选择：在当前图层上，是只抹除的邻近像素，还是要抹除所有相似的像素。

操作步骤如下。

(1) 选择“魔术橡皮擦工具”选项。

(2) 在工具选项栏中执行下列操作。

输入“容差”值以定义可抹除的颜色范围。低容差会抹除颜色值范围内与单击处像素非常相似的像素，高容差会抹除范围更广的像素。

选中“消除锯齿”复选框，可使抹除区域的边缘平滑。

选中“对所有图层取样”复选框，利用所有可见图层中的组合数据来采集抹除色样。

指定不透明度以定义抹除强度。100%的不透明度将完全抹除像素，较低的不透明度将部分抹除像素。

(3) 单击要抹除的图层部分。图2.33为使用背景橡皮擦的擦除效果图。

图2.33 使用背景橡皮擦的擦除效果

## 2.2.4 使用渐变工具

渐变工具可以创建多种颜色间的逐渐混合，可以从预设渐变填充中选取或创建自己的渐变。通过在图像中拖动鼠标即可用渐变填充区域，起点和终点会影响渐变外观，具体取决于所使用的渐变工具。

### 1. 应用渐变填充

(1) 如果要填充图像的一部分，应选择要填充的区域，否则，渐变填充将应用于整个当前图层。

(2) 单击“渐变工具”按钮。

(3) 在工具选项栏中选取渐变填充，如图2.34所示。

图2.34 “渐变工具”选项栏

“线性渐变”：以直线从起点渐变到终点。

“径向渐变”：以圆形图案从起点渐变到终点。

“角度渐变”：以逆时针扫过的方式围绕起点渐变。

“对称渐变”：使用对称线性渐变在起点的两侧渐变。

“菱形渐变”：以菱形图案从起点向外渐变。终点定义菱形的一个角。

各种渐变填充效果如图2.35所示，图中箭头表示鼠标拖动的位置和方向。

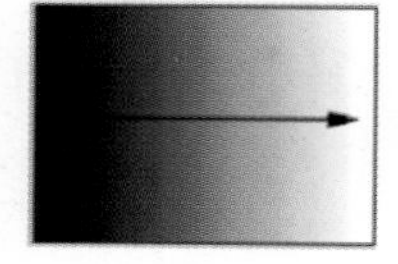

(a) 线性渐变

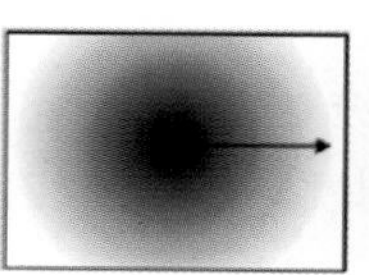

(b) 径向渐变

(c) 角度渐变

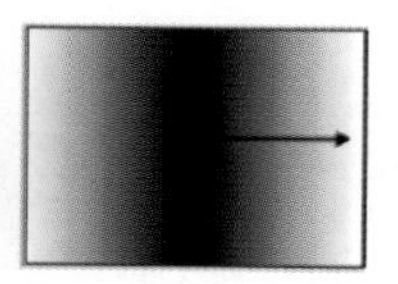

(d) 对称渐变

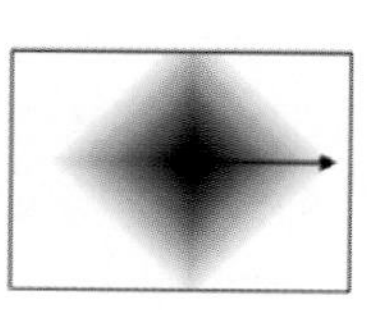

(e) 菱形渐变

图2.35 渐变填充效果

### 2. 编辑渐变

“渐变编辑器”对话框可用于通过修改现有渐变的备份来定义新渐变。还可以向渐变添加中间色，在两种以上的颜色间创建混合过渡色。“渐变编辑器”对话框如图2.36所示。

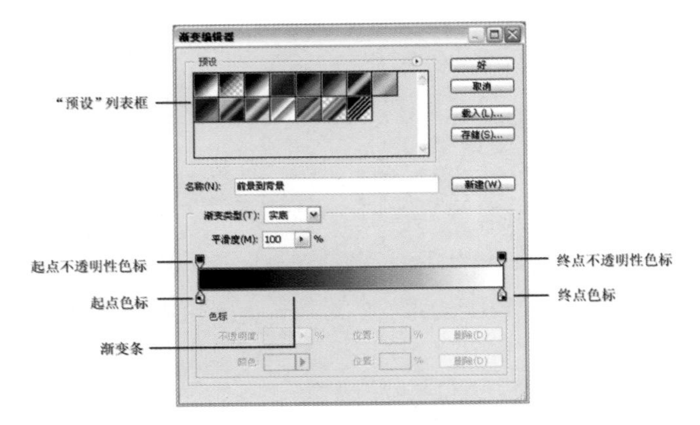


图2.36 “渐变编辑器”对话框

### 3. 使用方法

(1) 在编辑渐变之前，可从“预设”列表框中选择一个渐变类型，然后在此基础上进行编辑修改。

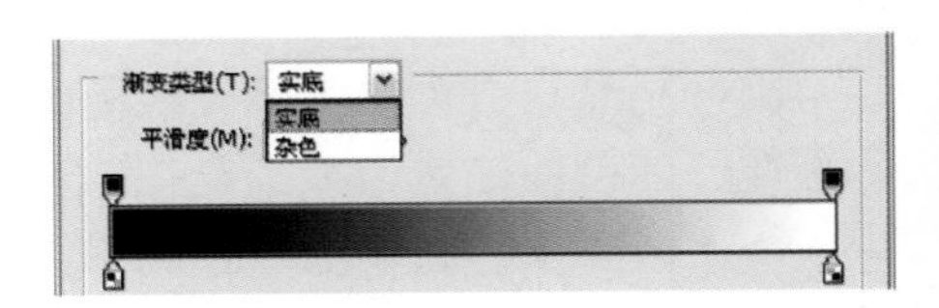

图2.37 “渐变类型”下拉列表框

(2) 确定渐变类型。打开“渐变类型”下拉列表框，可选择“实底”或“杂色”渐变类型，如图2.37所示。

(3) 添加或删除色标。根据渐变颜色的多少，在渐变条下方单击添加所需的色标，如图2.38所示，一个色标代表一种渐变颜色。

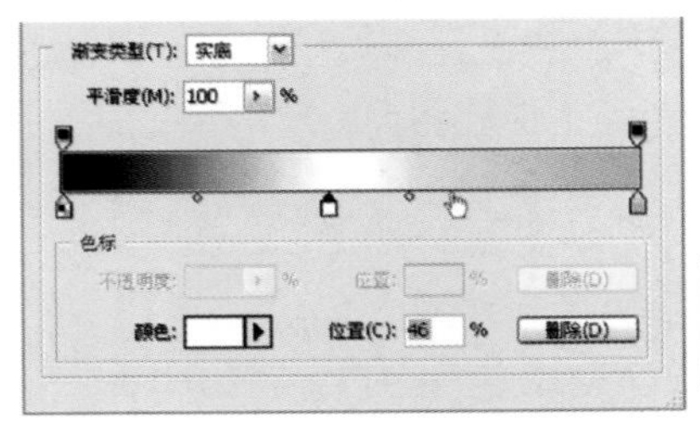


图2.38 添加色标

(4) 设置色标的颜色。选中需要更改颜色的色标，然后按以下方法进行设置。

双击色标，打开“拾色器”对话框，从中选择所需的颜色。

选中色标后，单击渐变条下方的“颜色”按钮，打开“拾色器”对话框，从中选择所需的颜色。

(5) 设置渐变不透明度。移动光标至渐变条上方，单击鼠标即可添加不透明性色标。选中不透明性色标后，在渐变条下方的“不透明度”框中可设置不透明度的大小，在“位置”框中可设置不透明性色标的位置，如图2.39所示。

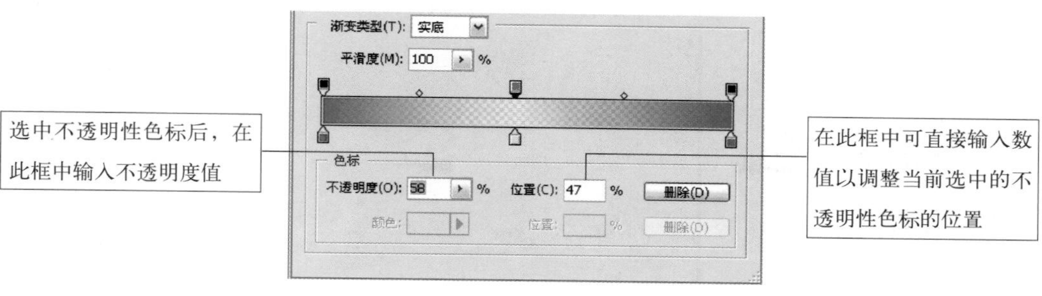


图2.39 添加不透明性色标

## 2.2.5 使用油漆桶工具

油漆桶工具填充颜色值与单击处像素相似的相邻像素。使用油漆桶工具来填充颜色值与前景颜色相似的像素。

使用方法：首先指定前景色，再选择“油漆桶工具”选项，然后指定是用前景色还是用图案填充选区即可。

## 2.2.6 使用“填充”命令

可以用前景色、背景色或图案填充选区或图层。在Photoshop中，可以使用所提供的图案库中的图案，或创建用户自己的图案。还可以使用“图层”面板上的“颜色”、“渐变”或“图案叠加”效果或者“纯色”、“渐变”或“图案”填充图层来填充。当使用填充图层填充选区时，可以轻松更改所使用图层的类型。

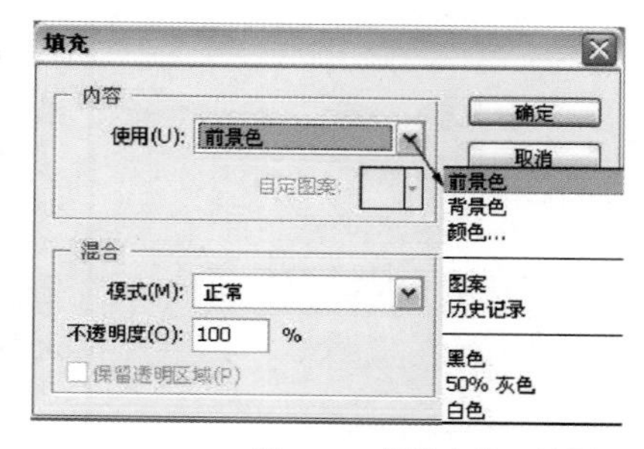


图2.40 “填充”对话框

执行“编辑”|“填充”命令，打开“填充”对话框，在“使用”下拉列表中选取一个选项或选择“自定图案”，如图2.40所示。

“前景色”、“背景色”、“黑色”、“50% 灰色”或“白色”：用指定的颜色填充选区。

“颜色”：用从“拾色器”对话框中选择的颜色填充。

“图案”：用图案填充选区。单击图案示例旁的倒三角，并从下拉列表框中选择图案。也可以单击快捷按钮，在子菜单中选择“载入图案”选项，载入其他图案。

“历史记录”：将所选区域恢复到图像的某个状态或快照。

要将前景色填充只应用于包含像素的区域，可按Alt+Shift+Backspace组合键，将保留图层的透明区域。要将背景色填充只应用于包含像素的区域，可按Ctrl + Shift + Backspace组合键。

## 2.2.7 使用“描边”命令

可以使用“描边”命令在选区、图层或路径周围绘制边框。如果要对整个图层描边，可以使用“描边”图层效果。如果要在当前图层上快速创建描边，不必遵循图层边缘，直接使用“描边”命令即可。“描边”对话框如图2.41所示。

描边：在“宽度”文本框中可输入一个1～250像素的数值，指定描边的宽度，单击其下的“颜色”框，可打开“拾色器”对话框，选取描边的颜色。

位置：设置描边的位置，有内部、居中、居外3种选择方式。

混合：设置描边的不透明度和色彩混合模式，如图2.42所示。

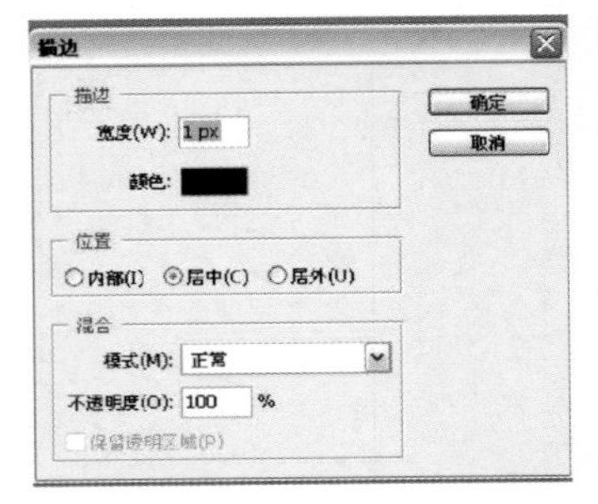


图2.41 “描边”对话框

(a) 选区描边效果

(b) 图像描边效果

图2.42 选区描边和图像描边效果

## 2.3 | 色彩、色调调整工具的应用

在中文Photoshop CS3中，系统提供了众多调整图像色彩与色调的命令。所有的色彩和色调命令均位于“图像”|“调整”子菜单中，并且大多调整都能预览调整结果，如图2.43所示。对色彩和色调有缺陷的图像进行调整，会使其更加完美。如果在图像中未选择区域，则对整幅图像进行调整，如果选择区域，则对选择区域进行调整。

图2.43 “调整”子菜单

在Photoshop CS3中，图像的色调依照色阶的明暗程度来划分，明亮的部分形成高色调，暗色部分形成低色调，中间色形成半色调。对图像的色调进行调整主要是对图像明暗度的调整。

调整图像的色调，一般可以使用“色阶”、“自动色阶”、“自动对比度”和“曲线”命令来完成。

### 2.3.1 “色阶”和“自动色阶”命令

通过对图像进行色阶调整，可以平衡图像的对比度、饱和度、灰度，使图像看上去更生动。

色阶指的是图像中颜色或颜色的某个组成部分的亮度区域。

色阶调整方法：执行“图像”|“调整”|“色阶”命令或按快捷键Ctrl+L，打开“色阶”对话框，如图2.44所示。拖动滑块或输入数值，都可调整输入以及输出的色阶值，也就可以对指定的通道或图像的明暗度进行调整。

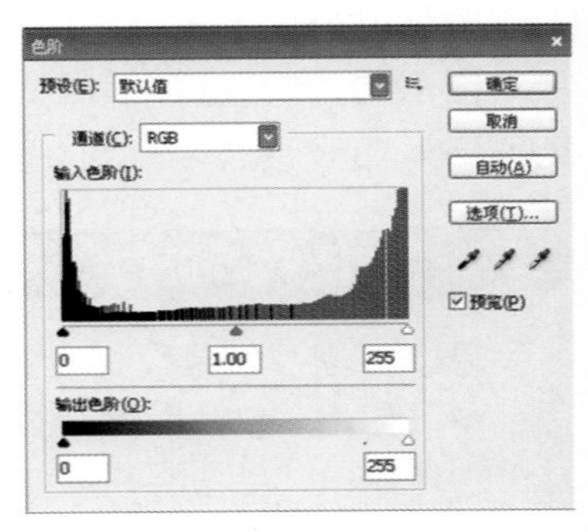

图2.44 “色阶”对话框

**案例**：对一幅图像进行色阶调整，使色彩明度提高，图像色彩鲜艳。

操作步骤如下。

（1）打开“向日葵”图像，分析图像可以发现整体色彩饱和度较低，色调偏暗，如图2.45所示。

（2）执行“图像”|“调整”|“色阶”命令，打开“色阶”对话框，观察到图像需要提亮，增强对比度，如图2.46所示。

图2.45 “向日葵”图像

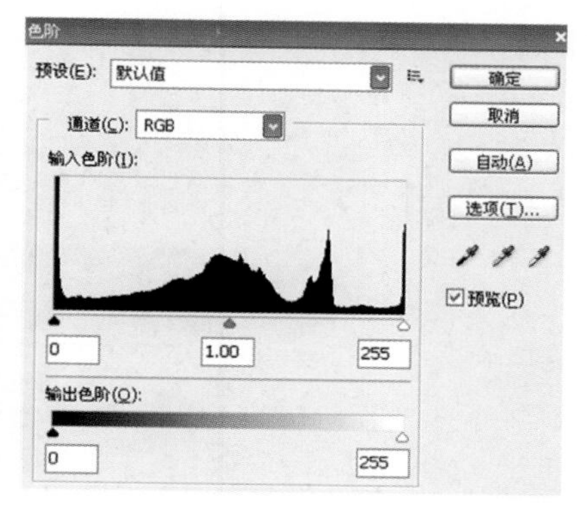


图2.46 “色阶”对话框

（3）在“色阶”对话框中进行设置，增加低色调数值，降低高色调数值，提亮图像明度，如图2.47所示，单击“确定”按钮。

色阶调整后的效果如图2.48所示。

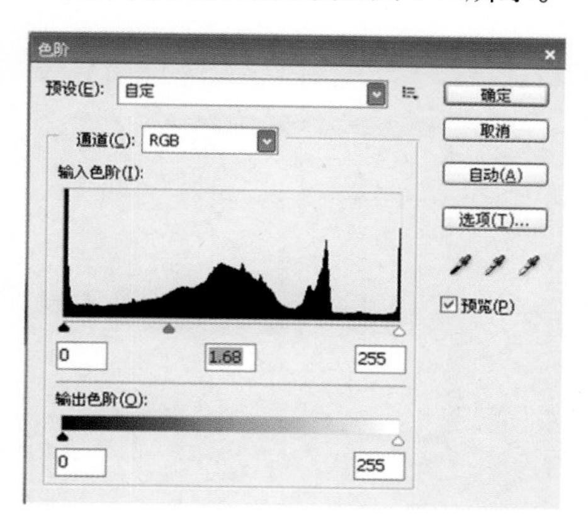


图2.47 “色阶”调整

图2.48 效果图

## 2.3.2 “自动对比度”和“自动颜色”命令

执行“图像”|“调整”|“ 自动对比度”命令或按Alt+Ctrl+Shift+L快捷键，可以让系统自动调整图像亮部和暗部的对比度。将图像中最暗的像素变成黑色，最亮的像素变成白色，使看上去较暗的部分变得更暗，较亮的部分变得更亮，对比强烈。

执行“图像”|“调整”|“自动颜色”命令或按Ctrl+Shift+B快捷键，就可以对图像中的颜色进行校正。如图像有色偏、饱和度过高等均可以进行自动调整。

## 2.3.3 “曲线”命令

“曲线”命令是使用非常广泛的色调控制方式，其功能强大，可进行较有弹性的调整。在“曲线”对话框中，可以在曲线编辑框上面修改0～255颜色范围内的任意点的颜色值，从而更加全面地修改图像的色调。

执行“图像”|“调整”|“曲线”命令或按Ctrl+M快捷键，打开“曲线”对话框，如图2.49所示。

**案例**：使用曲线调整将灰、脏图像调整得色调明亮、颜色鲜艳。

操作步骤如下。

（1）打开“束花”图像，分析图像可以发现饱和度不够，高色调和低色调需要进行调整，如图2.50所示。

（2）执行“图像”|“调整”|“曲线”命令，打开“曲线”对话框，在曲线编辑框中将曲线右上角往左拖动，提高图像明度，如图2.51所示。

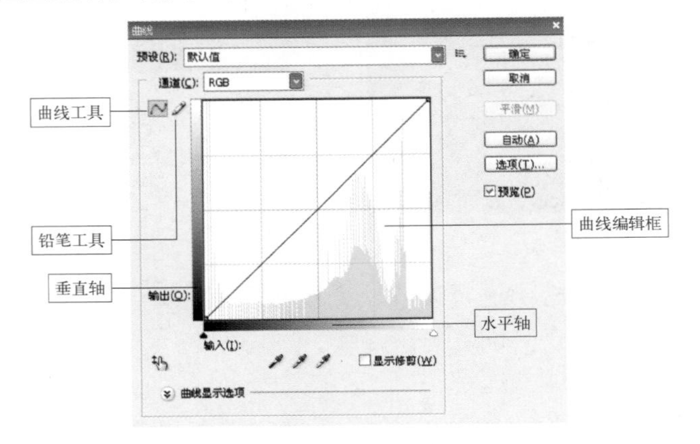


图2.49 “曲线”对话框

图2.50 “束花”图像

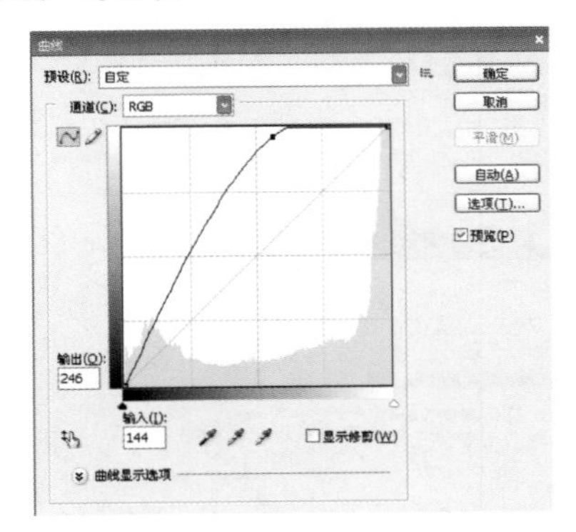

图2.51 “曲线”对话框调整

（3）单击“确定”按钮，图像效果如图2.52所示。

图2.52 图像效果

（4）再次执行“图像”|“调整”|“曲线”命令，打开“曲线”对话框，在曲线编辑框中的曲线上单击左下角，并向上拖动，向右拖动，提高图像色彩对比度，如图2.53所示。单击“确定”按钮。图像效果如图2.54所示。

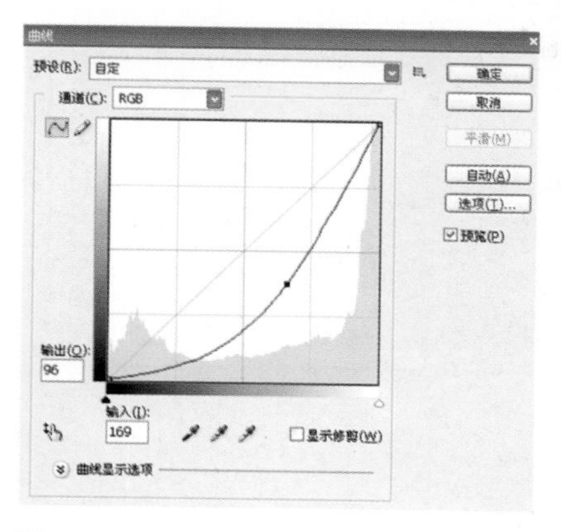


图2.53 “曲线”对话框调整

图2.54 效果图

## 2.3.4 “亮度/对比度”命令

执行“亮度/对比度”命令，可快速调整整个图像中的亮度和颜色对比度。拖动“亮度”滑块可以改变亮度，拖动“对比度”滑块可以改变对比度，调节的同时可以预览到图像亮度和对比度的变化。“亮度/对比度”对话框如图2.55所示。

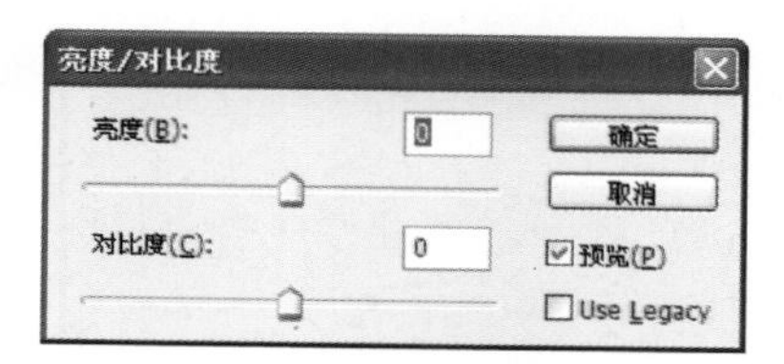


图2.55 “亮度/对比度”对话框

**案例**：执行“亮度/对比度”命令、“曲线”命令将一幅图像调整为夜景。

操作步骤如下。

（1）打开“植物”图像，如图2.56所示。执行“图像”|“调整”|“亮度/对比度”命令，打开“亮度/对比度”对话框，降低图像的亮度，增强图像的对比度，单击“确定”按钮。效果如图2.57所示。

图2.56 “植物”图像

图2.57 调整亮度/对比度

（2）执行“图像”|“调整”|“曲线”命令，打开“曲线”对话框，在曲线编辑框中，在曲线中间单击，并向下拖动，降低图像明度，并将曲线右上角向下方拖动，降低图像色彩饱和度，如图2.58所示。单击“确定”按钮，图像效果如图2.59所示。

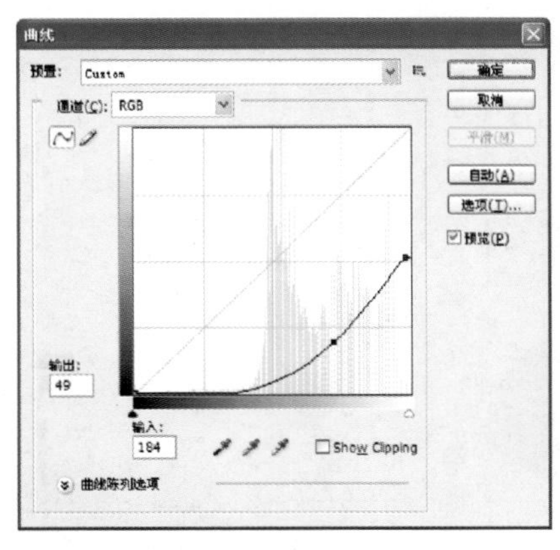

图2.58 调整“曲线”

图2.59 效果图

## 2.3.5 “色彩平衡”命令

“色彩平衡”命令会在彩色图像中改变颜色的混合，从而使整体图像的色彩平衡。

执行“图像”|“调整”|“色彩平衡”命令或按Ctrl+B快捷键，打开“色彩平衡”对话框，如图2.60所示。

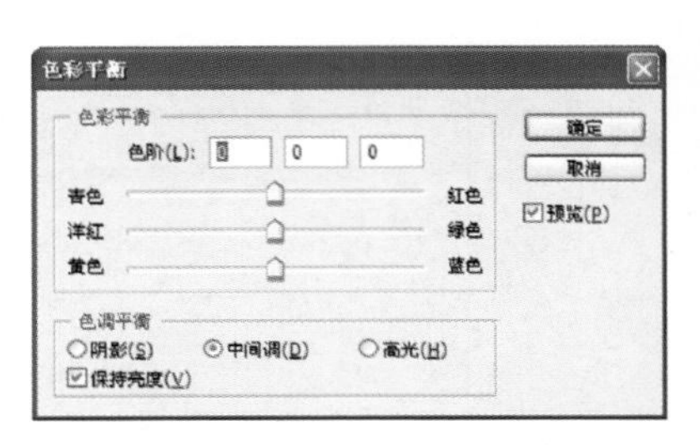


图2.60 “色彩平衡”对话框

**案例：**通过“色彩平衡”命令，将蓝色玫瑰调整成红色玫瑰。

操作步骤如下。

(1) 打开“蓝玫瑰”素材图像，如图2.61所示。选择“图像”|“调整”|“色彩平衡”命令，打开“色彩平衡”对话框，在“色调平衡”选项区域中选中“中间调”单选按钮，红色+100，绿色−53，蓝色−100，然后单击“确定”按钮，如图2.62所示。

图2.61 “蓝玫瑰”素材图像

图2.62 色彩平衡1

(2) 再次打开“色彩平衡”对话框，在“色调平衡”选项区域中选中“阴影”单选按钮，红色+32，蓝色−32，然后单击“确定”按钮，如图2.63所示。

(3) 再次打开“色彩平衡”对话框，在“色调平衡”选项区域中选中“高光”单选按钮，红色+100，绿色−41，蓝色−13，然后单击“确定”按钮，如图2.64所示。

图2.63 色彩平衡2

图2.64 色彩平衡3

## 2.3.6 “色相/饱和度”命令

“色相/饱和度”命令用来调整整个图像中颜色的色相、饱和度和亮度，它还可以针对图像中某一种颜色成分进行调整。

执行“图像”|“调整”|“色相/饱和度”命令，打开“色相/饱和度”对话框，如图2.65所示。

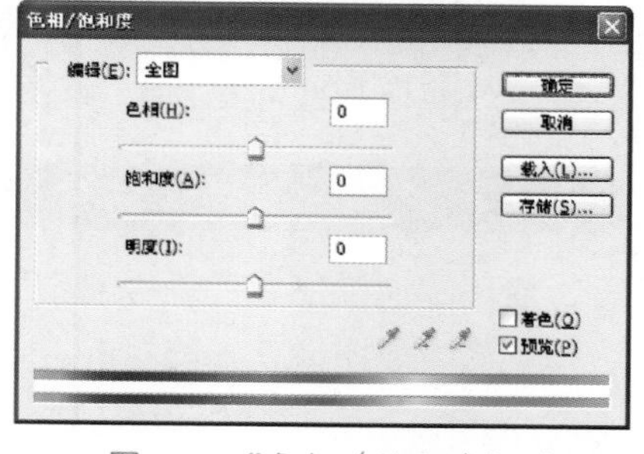

图2.65 “色相/饱和度”对话框

**案例**：通过“色相/饱和度”命令，将红苹果变成绿苹果。

操作步骤如下。

（1）打开“苹果”图像，使用磁性套索选取工具将苹果选区操作出来，注意把苹果柄选区从中减掉，如图2.66所示。

（2）执行“图像”|“调整”|“色相/饱和度”命令，打开“色相/饱和度”对话框，设置“色相”为+113，饱和度为+4，如图2.67所示单击“确定”按钮，按Ctrl+D键取消选区。

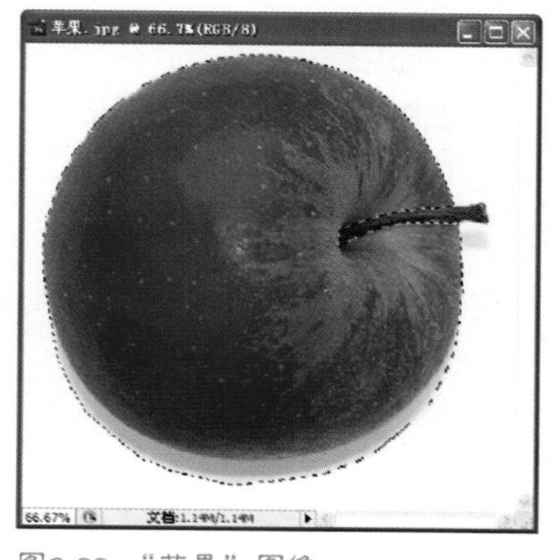

图2.66 “苹果”图像

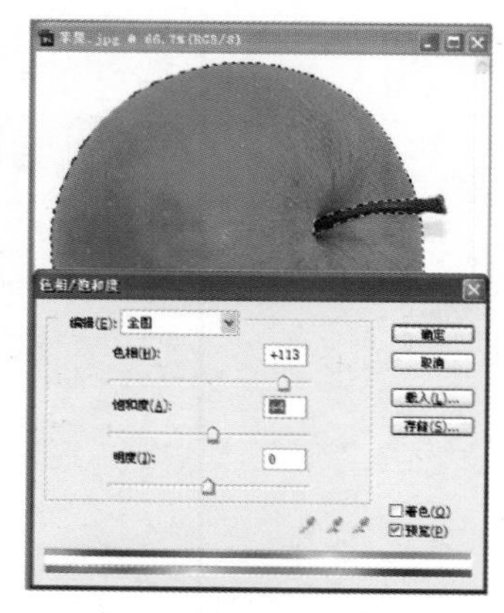

图2.67 调节色相/饱和度1

（3）使用磁性套索选取工具绘制出苹果柄选区，再次执行“图像”|“调整”|“色相/饱和度”命令，打开“色相/饱和度”对话框，设置“色相”为+42，如图2.68所示。单击“确定”按钮，按Ctrl+D键取消选区，如图2.69所示。

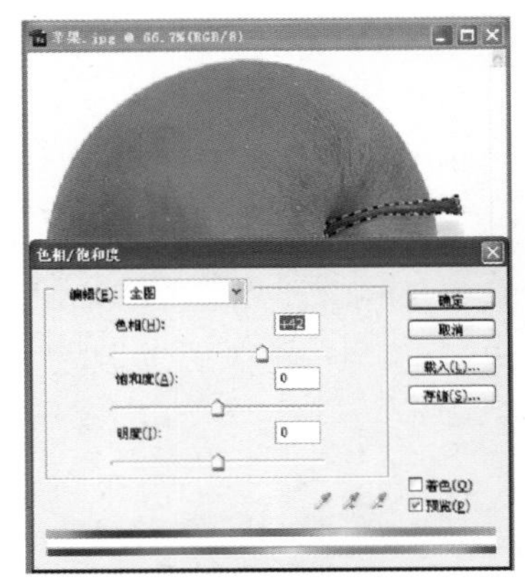

图2.68 调节色相/饱和度2

图2.69 效果图

## 2.3.7 “去色”命令

利用“去色”命令可去除图像中选定区域或整幅图像的饱和度信息，即将图像中的所有颜色的饱和度都变为0，将图像转变为彩色模式下的灰度图像。

## 2.3.8 “匹配颜色”命令

使用“匹配颜色”命令可以将当前图像中的颜色与另一个图像的颜色进行混合，来达到变化当前图像色彩的目的。

## 2.3.9 “替换颜色”命令

“替换颜色”命令可以修整图像中的一种或几种选定的颜色，然后用修整后的颜色替换掉原来的颜色。

**案例**：使用“替换颜色”命令将“水果”图像中果实的颜色由红色变成紫色。

操作步骤如下。

(1) 打开“水果”图像，执行“图像”|“调整”|“替换颜色”命令，在图像窗口中的果实上单击获取要替换的颜色，如图2.70所示。

(2) 单击“选区”选项区域中的 按钮，在图像中果实没有被选取的颜色部位继续单击，观察到对话框预览图中要替换的图像区域完全变白（变白表示完全选择）即可。

(3) 拖动对话框中“替换”选项区域中的“色相”、“饱和度”滑块，调整颜色，单击“确定”按钮，如图2.71所示。

图2.70 对图像替换颜色

图2.71 调整颜色

## 2.3.10 “可选颜色”命令

利用“可选颜色”命令可以校正不平衡问题和调整颜色。

使用方法如下。

（1）打开要调整的图像。

（2）执行“图像”|“调整”|“可选颜色”命令，打开“可选颜色”对话框。从该对话框顶部的“颜色”下拉列表中选择要调整的颜色。在该对话框中拖动滑块或在“青色”、“洋红”、“黄色”、“黑色”文本框中输入数值，以调整所选颜色的含量 。

（3）单击“确定”按钮即可。

## 2.3.11 “通道混合器”命令

使用“通道混合器”命令，可分别对图像各通道的颜色进行调整。它可以选取每种颜色通道一定的百分比创建高品质的灰度图像、棕褐色调或者其他的彩色图像。

使用方法如下。

（1）打开要调整的图像，执行“图像”|“调整”|“通道混合器”命令，打开“通道混合器”对话框。

（2）在“输出通道”下拉列表中选择要混合的颜色的通道，可拖动滑块调整该通道颜色在输出通道中所在的比例。单击“确定”按钮。

## 2.3.12 “渐变映射”命令

“渐变映射”命令的主要功能是使用各种渐变模式对图像进行调整。

案例：使用“渐变映射”命令将“宁静”图像颜色多样化，形成装饰画风格。

操作步骤如下。

（1）打开“宁静”图像，如图2.72（a）所示。执行“图像”|“调整”|“渐变映射”命令，打开“渐变映射”对话框。

（2）在渐变列表中选择系统提供的渐变图案，可为图像重新添加渐变填充。单击“确定”按钮即可，如图2.72（b）所示。

(a) 原图

(b) 应用“渐变映射”命令

图2.72 重新添加渐变填充

## 2.3.13 “照片滤镜”命令

利用“照片滤镜”命令可以使图像产生一种滤色效果。

使用方法如下。

（1）打开要调整的图像。

（2）执行“图像”|“调整”|“照片滤镜”命令，打开“照片滤镜”对话框。在“使用”选项区域中选择一种滤镜方式或滤镜颜色，调整好滤镜的浓度。单击“确定”按钮即可。

提示：

**①“浓度”数值框用于控制着色的强度，数值越大，滤色效果越明显；**

**②“保留明度”用于控制调整后的图像是否保持整体亮度不变。**

## 2.3.14 “阴影/高光”命令

利用“阴影/高光”命令可以使图像中的阴影和高光增加或减少。

使用方法如下。

（1）打开要调整的图像。

（2）执行“图像”|“调整”|“阴影/高光”命令，打开“阴影/高光”对话框。在“阴影”选项区域中调整阴影量，在“高光”选项区域中调整高光量即可。单击“确定”按钮。

## 2.3.15 “曝光度“命令

利用“曝光度”命令可以通过调整图像曝光来调整图像色彩。在打开的“曝光度”对话框中，设置曝光度、位移、灰度系数即可。

## 2.3.16 “反相“命令

利用“反相”命令可以将图像中或选区内的所有颜色转换为互补色，如白变黑、黑变白等，按快捷键Ctrl+I，看起来就像是该图片的照片底片。用户可再次执行该命令来恢复原图像。

图2.73为图像局部应用反相效果。

图2.73 反相效果对比

## 2.3.17 “色调均化”命令

“色调均化”命令用来均匀图像的亮度。原理是将图像中最亮的像素转化为白色，最暗的像素变为黑色，中间像素则均匀分布。总之，目的是让色彩分布更平均，从而提高图像的对比度和亮度。

使用方法：打开调整图像，执行“图像”|“调整”|“色调均化”命令即可。

## 2.3.18 “阈值“命令

利用“阈值”命令可以将彩色图像或灰度图像转换为高对比度的黑白图像。

使用方法：打开调整图像，执行“图像”|“调整”|“阈值”命令，打开“阈值”对话框。设置好阈值色阶数值，单击“确定”按钮即可。

提示：

**阈值色阶在1～255范围内取值，所有比该阈值亮的像素会被转换为白色，所有比该阈值暗的像素会被转换为黑色。**

## 2.3.19 “色调分离”命令

“色调分离”命令用来在图像中减少色调。可以在“色阶”文本框中设置图像的色调数值。数值越大，图像的色调越多，反之色调越少。

使用方法如下。

打开要调整的图像，执行“图像”|“调整”|“色调分离”命令，打开“色调分离”对话框，如图2.74所示。设置“色阶”数值，单击“确定”按钮即可。

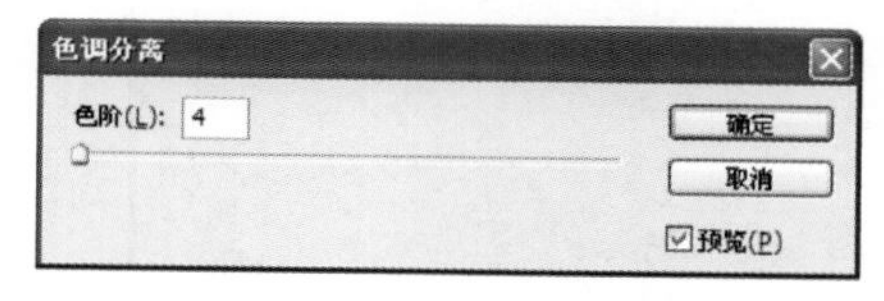

图2.74 “色调分离”对话框

## 2.3.20 “变化”命令

“变化”命令可以很直观地调整图像或选取范围内图像的色彩平衡、对比度和饱和度，可以更精确、方便地调节图像颜色。

执行“图像”|“调整”|“变化”命令，打开“变更”对话框，如图2.75所示。可以一边调整一边观察比较图像的变化。

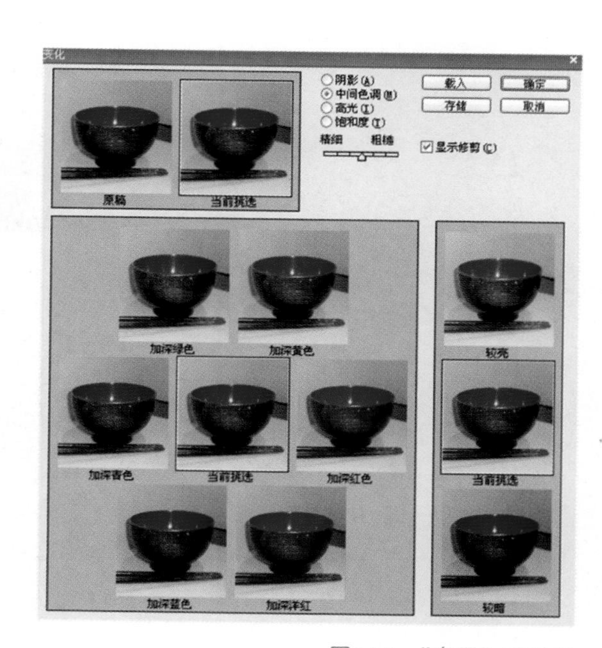

图2.75 “变更”对话框

提示：

**（1）“变更”对话框上方的4个单选按钮用于对图像中需要调整部分的像素进行选择；**

**（2）“美好/粗糙的”滑块用于设置每次调整的数量；**

**（3）在对话框左下角的7个图像中，“当前挑选”预览图用于显示调**

**整后的图像，另外6个预览图用于调整颜色（如更蓝、更黄等），通过单击来调整图像的色彩；**

**（4）单击"原稿"预览图，可以使图像恢复到编辑前的状态，重新对其进行调整。**

## 本章小结

本章主要讲述了Photoshop CS3中的选择工具、绘图工具和调整工具的应用，工具的应用效果多种多样、千变万化，只有熟练掌握其不同特点，结合具体的设计需要灵活使用，才能发挥出Photoshop CS3各类工具的强大功能。

## 习　题

1．选择题

（1）按住（　　）键用椭圆选框工具拖拉圆形区域，得到的是以鼠标起始点为中心的正圆形选区。

A．Alt　　B．Shift　　C．Alt+Shift　　D．Ctrl

（2）在选取状态下，按住（　　）键可以增加选区，按住（　　）键可以删减选区。

A．Shift Alt　　B．Ctrl Alt　　C．Shift Ctrl　　D．Alt Ctrl

（3）以逆时针扫过的方式围绕起点的渐变是（　　）。

A．径向渐变　　B．角度渐变　　C．对称渐变　　D．菱形渐变

（4）可以将图像中色调减少的命令是（　　）。

A．变化　　B．去色　　C．亮度/对比度　　D．色调分离

（5）利用（　　）命令可以使图像中的阴影和高光增加或减少。

A．阴影/高光　　B．去色　　C．亮度/对比度　　D．色调分离

2．简答题

（1）套索工具有哪几种？并简要说明。

（2）羽化选区有什么特点？在使用羽化选区处理图像时应注意哪些事项？

（3）Photoshop CS3色彩、色调调整工具对处理各类图像效果有帮助吗？哪些调整工具最常用？简要介绍其特点。

3．实训题

（1）实训目标：掌握Photoshop CS3中的选择工具、绘图工具和调整工具的操作及应用。

（2）实训要求：以制作一张CD封面为实训内容，上机操作完成，要求充分利用选择工具、绘图工具和调整工具处理图像效果。在实训过程中通过学生独立制作，鼓励设计多种风格从而调动学生学习的积极性。由教师介绍该实训的意义、要求和注意事项，然后将实训课题布置给学生。学生依据Photoshop选择工具、绘图工具和调整工具的基本操作知识，分析该实训项目所需的操作命令，上机操作按步骤进行制作。设计效果参考效果如图2.76、图2.77所示。

图2.76 原图

图2.77 效果图

# 第3章 三维纹理制作

## 教学目标

通过对运用Photoshop CS3制作三维纹理的学习，不断强化Photoshop CS3的基础操作，并熟练掌握滤镜等功能的使用，完成不同材质及纹理的制作。

## 教学要求

| 能力目标 | 知识要点 | 权重 |
|---|---|---|
| 强化Photoshop CS3的基础操作 | 工作界面、操作环境、文件操作及管理 | 50% |
| 掌握Photoshop CS3滤镜工具的使用 | 滤镜的功能和应用技巧 | 50% |

## 3.1 | 砖墙纹理制作

（1）执行“文件”|“新建”命令，或按Ctrl+N键，新建一幅RGB模式空白图像，如图3.1所示设置，单击“确定”按钮结束。

（2）将“前景色”的RGB值设置为（10、46、73），“背景色”的RGB值设置为（91、158、175），新建“图层1”，执行“滤镜”|“渲染”|“云彩”命令，可按Ctrl+F组合键多执行几次，如图3.2所示。

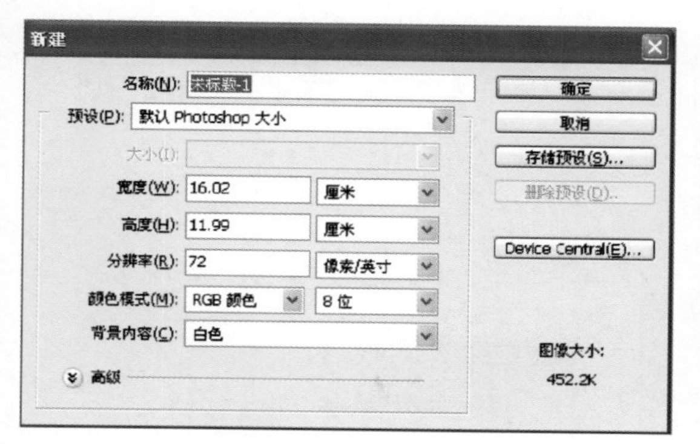


图3.1 “新建”对话框

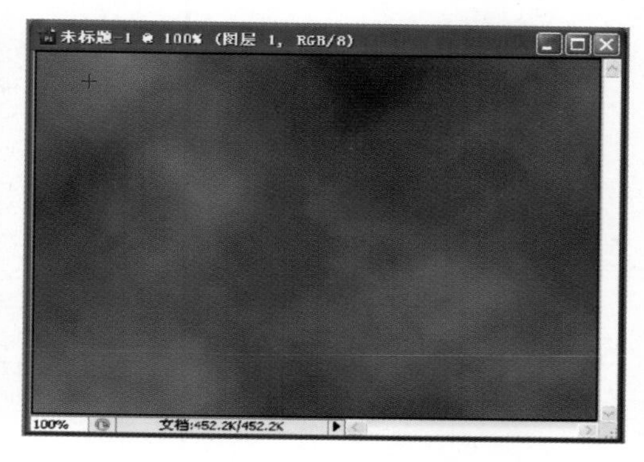


图3.2 云彩渲染效果图

（3）执行“滤镜”|“艺术效果”|“底纹效果”命令，设置“画笔大小”为40，“纹理覆盖”为40，纹理选择砖形，“缩放”为200%，“凸现”为18，“光照”为上，如图3.3所示。

（4）复制“图层1”为“图层1副本”，执行“滤镜”|“风格化”|“查找边缘”命令，效果如图3.4所示。

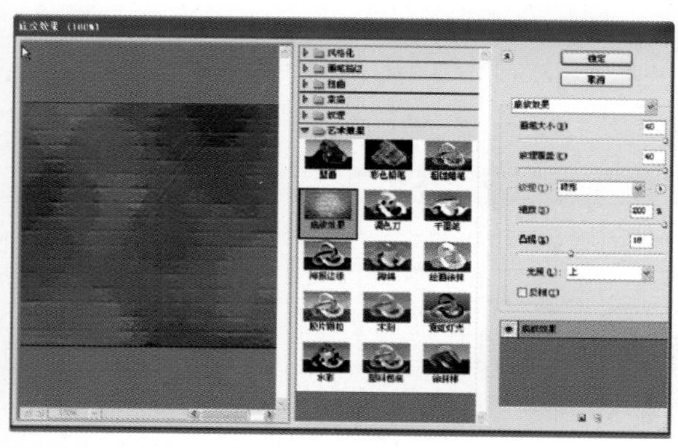

图3.3 “底纹效果”对话框

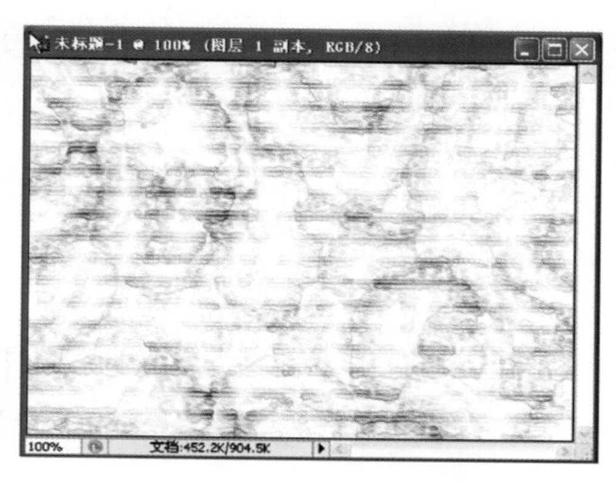


图3.4 “查找边缘”效果图

（5）执行“滤镜”|“艺术效果”|“干画笔”命令，设置如图3.5所示。

（6）设置该图层的混合模式为“变暗”，然后按Ctrl+E组合键合并“图层1”和“图层1副本”，图像效果如图3.6所示。

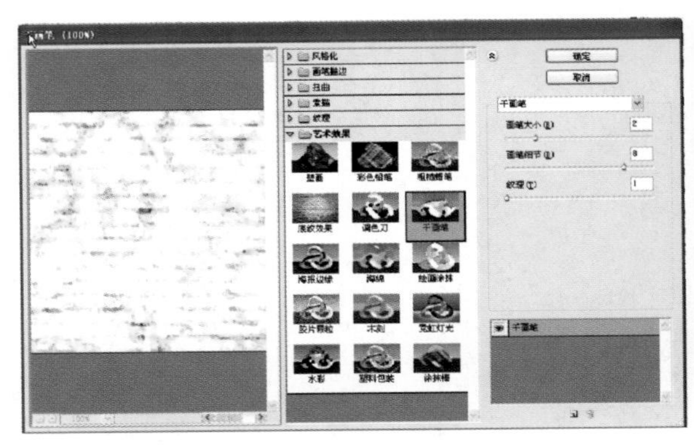

图3.5 “干画笔”对话框

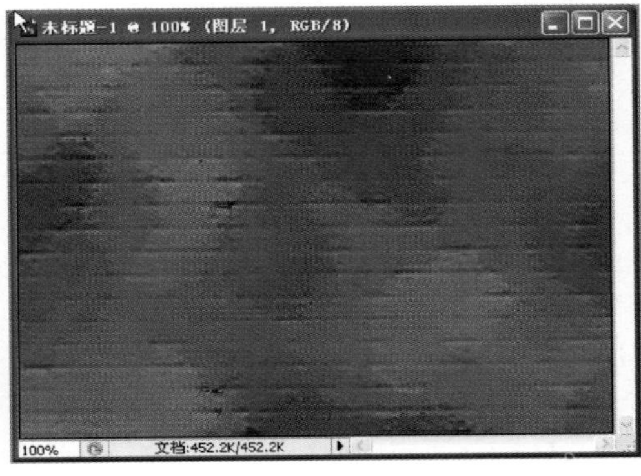


图3.6 “变暗”混合模式效果图

（7）新建一个文件，设置“宽度”为100像素，“高度”为60像素，“分辨率”为72像素/英寸，如图3.7所示。

（8）在工具箱中选择“铅笔工具”选项，设置“画笔”为1像素，“前景色”为黑色，沿文件边缘绘制如图3.8所示的图像。

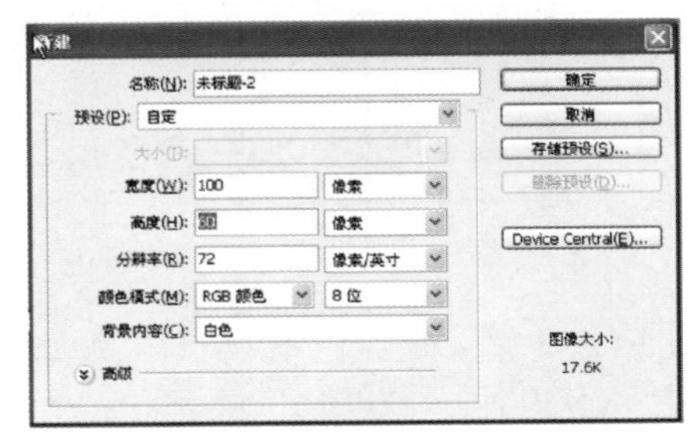


图3.7 “新建”对话框

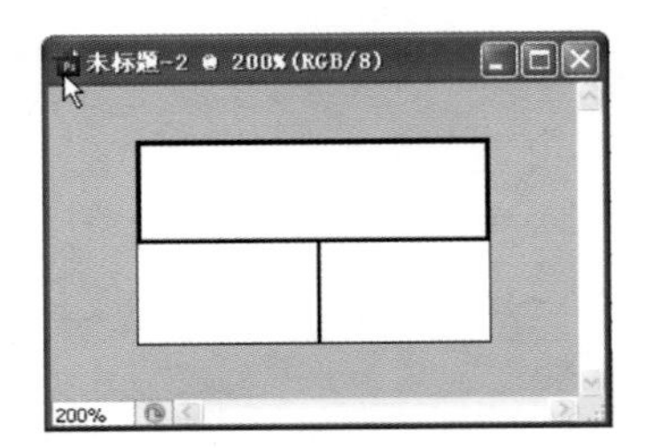


图3.8 “铅笔工具”绘图效果

（9）执行“选择”|“全部”命令，再执行“编辑”|“定义图案”命令，在弹出的对话框中输入名称，单击“确定”按钮。

（10）回到“变暗”混合模式效果图，打开“通道”面板，创建新通道“Alpha 1”，如图3.9所示。执行“编辑”|“填充”命令，选择“铅笔工具”绘制好的图案进行填充，如图3.10所示。

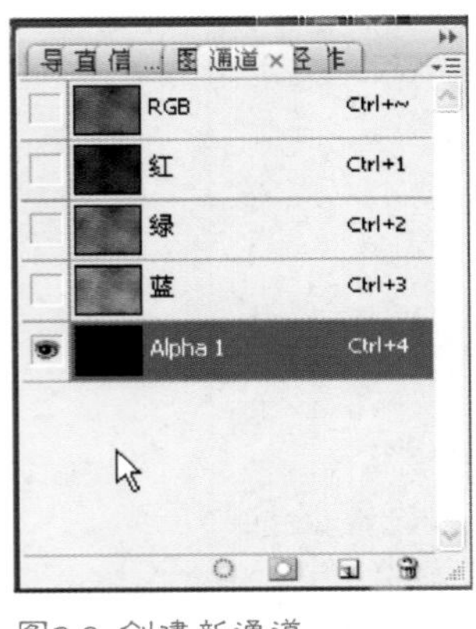


图3.9 创建新通道

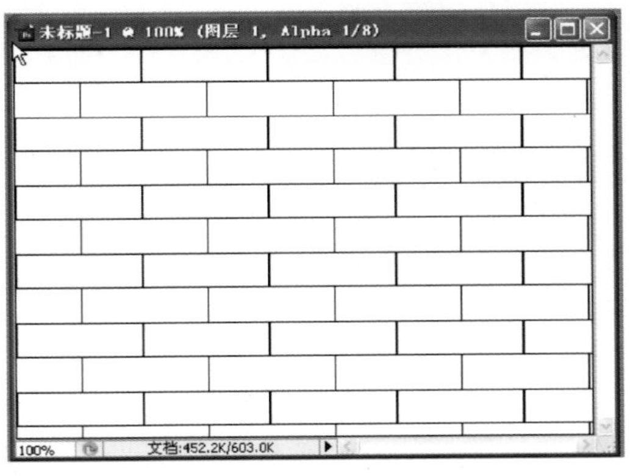


图3.10 填充图案效果图

（11）回到“图层”面板，执行“滤镜”|“渲染”|“光照效果”命令，设置如图3.11所示。

（12）切换至“通道”面板，按住Ctrl键选择Alpha 1通道，将选区载入，然后回到“图层”面板，选择“图层1”为当前层，效果如图3.12所示。

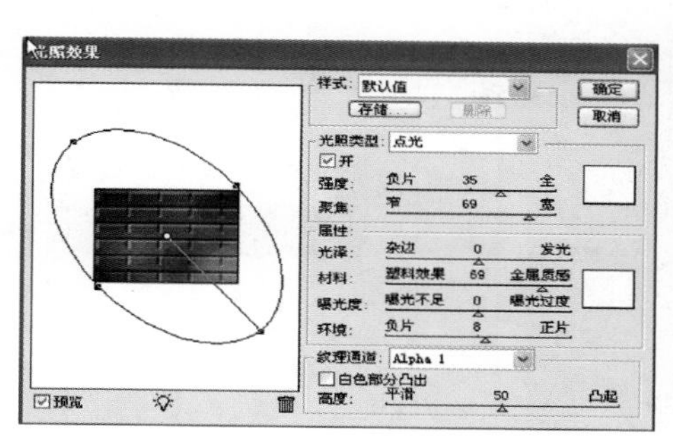


图3.11 “光照效果”对话框

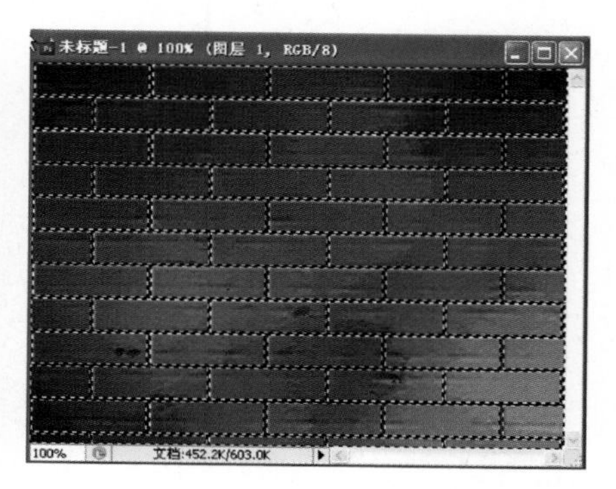


图3.12 当前层为图层1

（13）执行“滤镜”|“画笔描边”|“喷溅”命令，在弹出的对话框中设置如图3.13所示，图像的最终效果如图3.14所示。

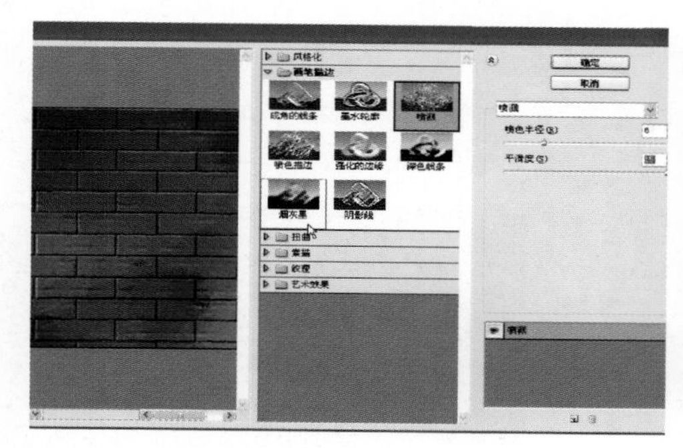

图3.13 “喷溅”对话框

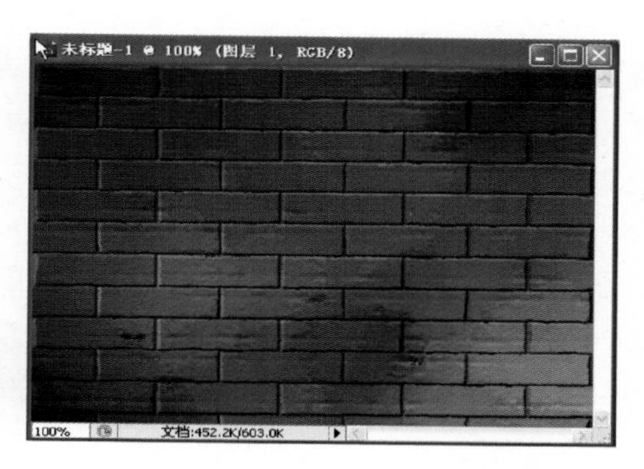


图3.14 最终砖墙纹理效果图

## 3.2 | 岩石纹理制作

（1）执行“文件”|“新建”命令，或按Ctrl+N键，新建一幅RGB模式空白图像，如图3.15所示设置，单击“确定”按钮结束。

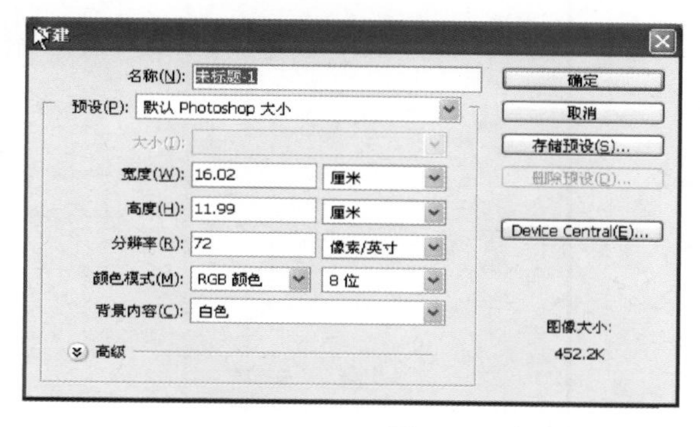


图3.15 “新建”对话框

（2）默认“前景色”为黑色和“背景色”为白色，执行“滤镜”|“渲染”|“云彩”命令，可按Ctrl+F组合键多执行几次，如图3.16所示。

（3）打开“通道”面板，创建新通道“Alpha 1”，如图3.17所示。

图3.16 云彩渲染效果图

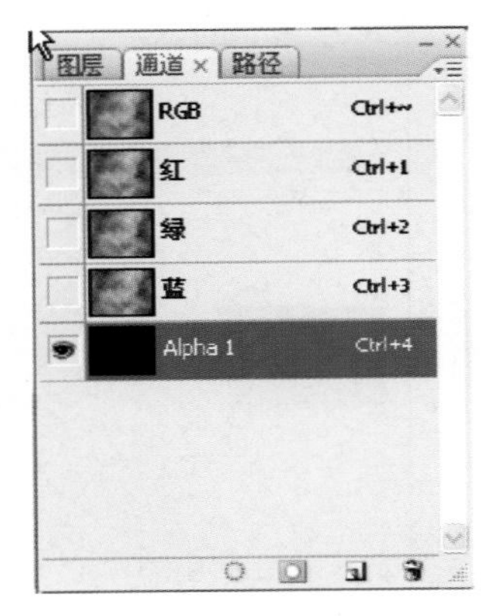


图3.17 创建新通道

提示：

**创建选区可以有多种方法：如矩形选框工具、圆形选框工具、单行选框工具、单列选框工具、自由套索工具、多边形套索工具、磁性套索工具，魔棒工具等。除此之外，还可以利用Alpha通道、“路径”面板、快速蒙版或“选择”菜单中的“色彩范围”命令来完成。**

（4）执行“滤镜”|“渲染”|“分层云彩”命令，可按Ctrl+F键多执行几次，如图3.18所示。

（5）回到“图层”面板，执行“滤镜”|“渲染”|“光照效果”命令，设置如图3.19所示。

（6）执行“滤镜”|“杂色”|“添加杂色”命令，在该对话框中设置“数量”为21，如图3.20所示。可给图像添加杂色效果。

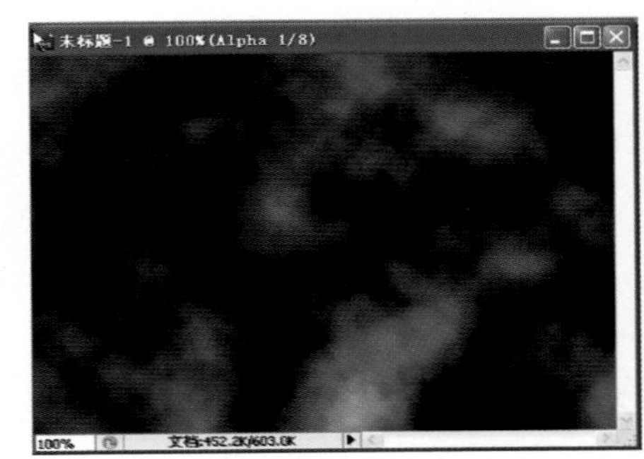


图3.18 分层云彩效果图

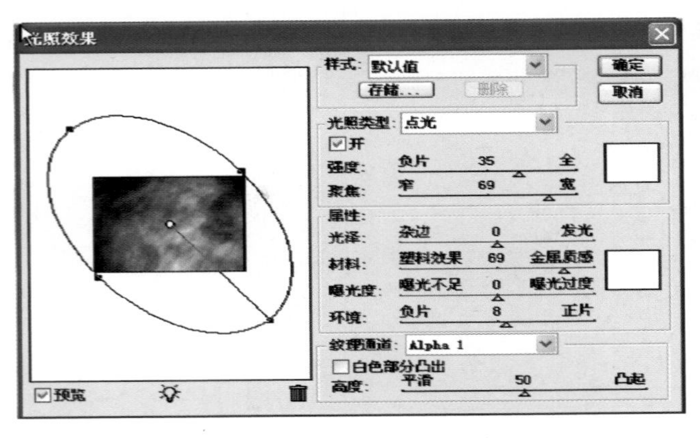


图3.19 “光照效果”对话框

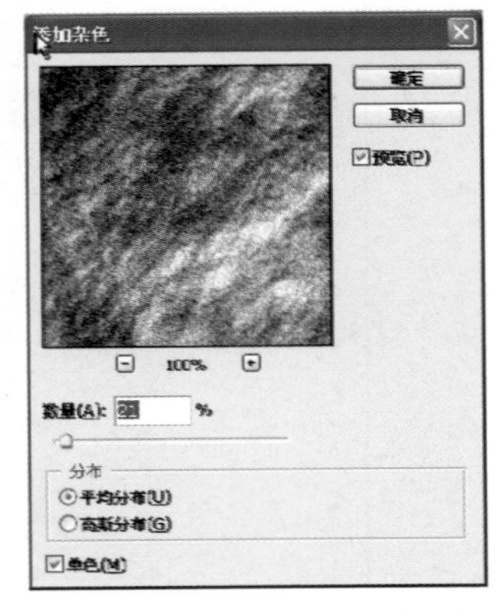


图3.20 “添加杂色”对话框

（7）执行“图像”|“调整”|“色相/饱和度”命令，为岩石着色。在弹出的“色相/饱和度”对话框中设置如图3.21所示，最后得到的岩石效果如图3.22所示。

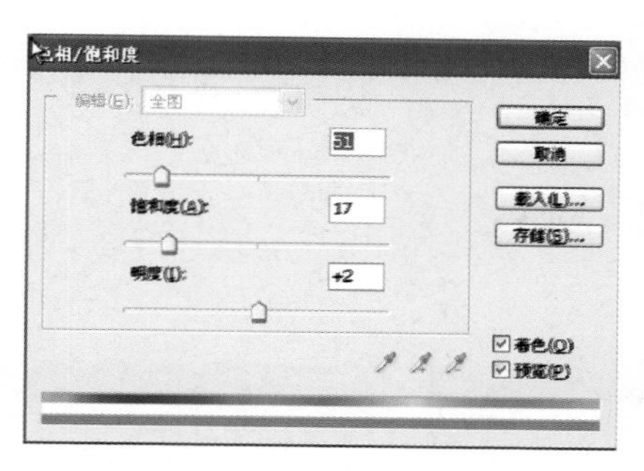


图3.21 “色相/饱和度”对话框

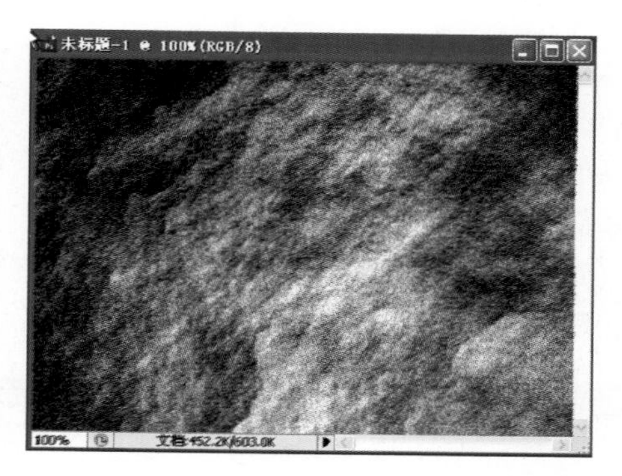


图3.22 最终岩石效果图

## 3.3 | 金属材质制作

（1）执行“文件”|“新建”命令，或按Ctrl+N键，新建一幅RGB模式空白图像，如图3.23所示设置，单击“确定”按钮结束。

（2）将“前景色”的RGB值设置为（165、165、165），“背景色”设置为白色，新建“图层1”，执行“滤镜”|“渲染”|“云彩”命令，可按Ctrl+F组合键多执行几次，如图3.24所示。

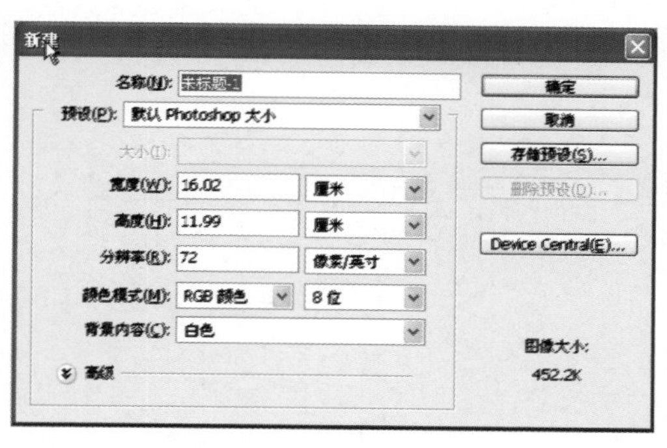


图3.23 “新建”对话框

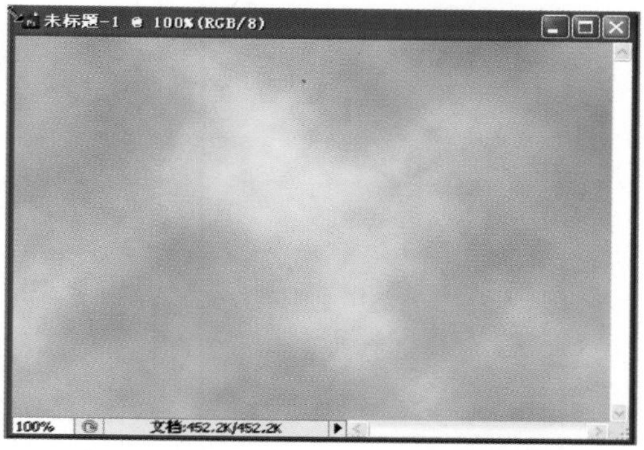

图3.24 云彩渲染效果图

（3）执行“图像”|“调整”|“曲线”命令，在弹出的“曲线”对话框中设置如图3.25所示。

（4）执行“图像”|“调整”|“色彩平衡”命令，在弹出的“色彩平衡”对话框中设置如图3.26所示。

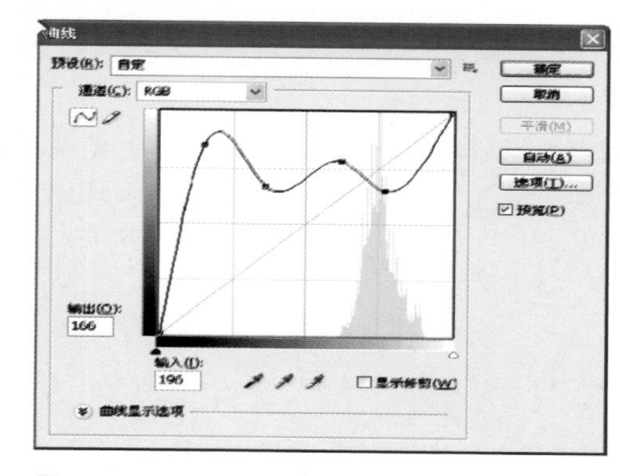


图3.25 “曲线”对话框

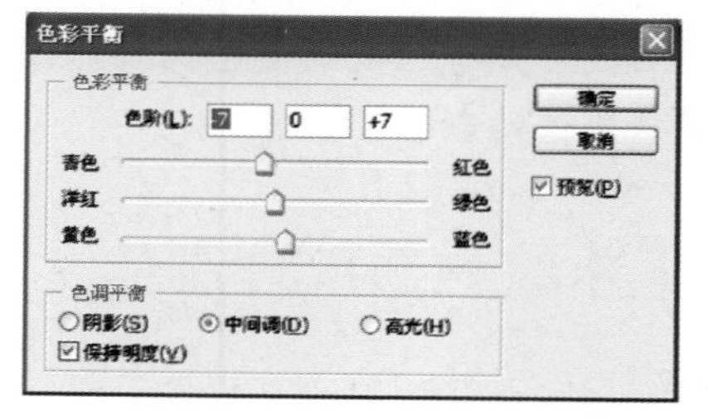


图3.26 “色彩平衡”对话框

（5）执行“滤镜”|“模糊”|“高斯模糊”命令，在弹出的“高斯模糊”对话框中设置如图3.27所示，单击“确定”按钮。

（6）执行“滤镜”|“杂色”|“添加杂色”命令，在弹出的“添加杂色”对话框中设置如图3.28所示，单击“确定”按钮。

（7）执行“滤镜”|“模糊”|“动感模糊”命令，在弹出的“动感模糊”对话框中设置如图3.29所示，单击“确定”按钮。

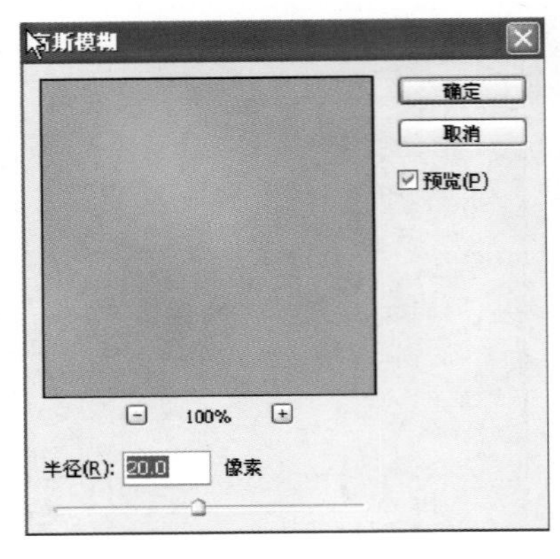


图3.27 “高斯模糊”对话框

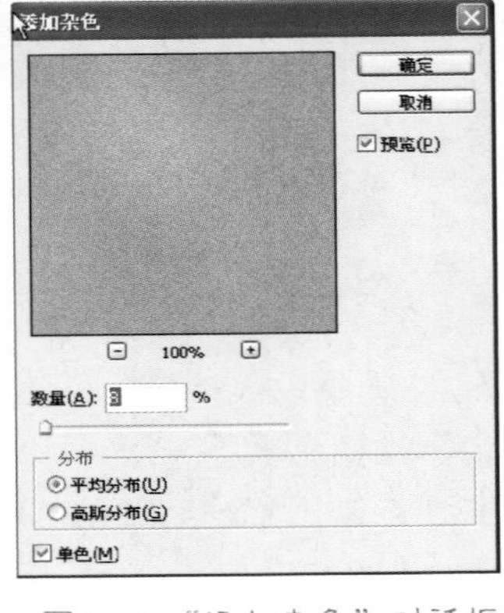


图3.28 “添加杂色”对话框

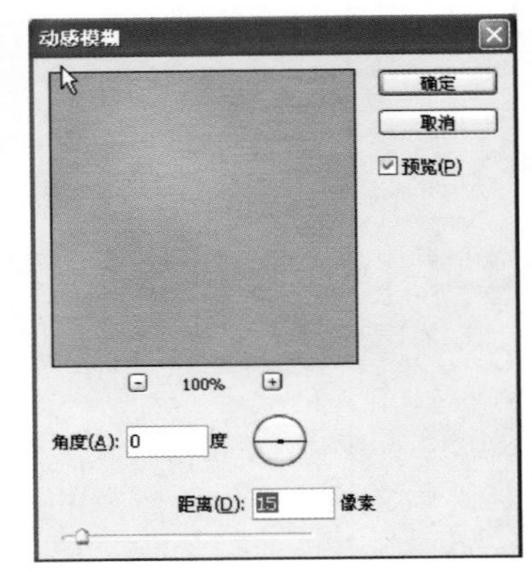


图3.29 “动感模糊”对话框

（8）执行“滤镜”|“锐化”|“USM锐化”命令，在弹出的“USM锐化”对话框中设置如图3.30所示，单击“确定”按钮。最终制作出金属纹理效果，如图3.31所示。

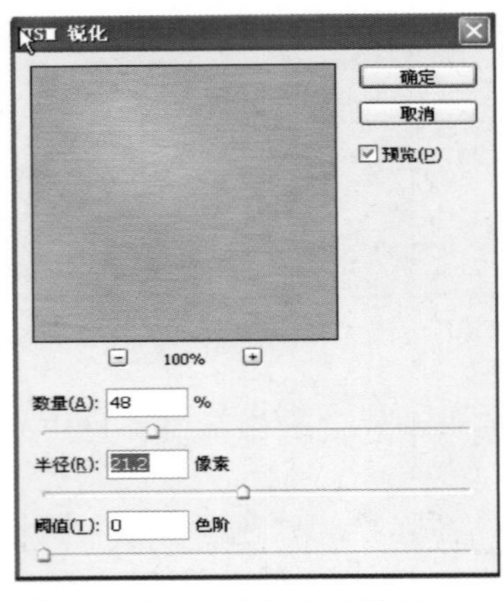


图3.30 “USM锐化”对话框

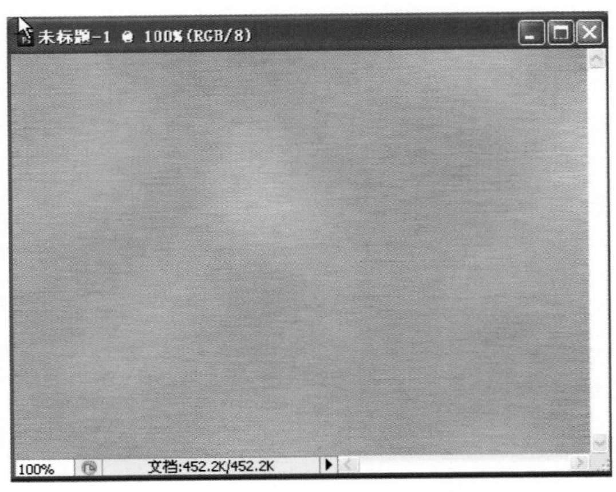


图3.31 最终金属纹理效果图

提示：

**“曲线”命令是Photoshop CS3色调与颜色校正工具中选项最丰富、功能最强大的工具。“曲线”命令可以调整色调上的任意一点，除了可以调整图像的亮度和对比度，还可以调整图像的颜色。**

## 3.4 | 木纹材质纹理制作

（1）执行“文件”|“新建”命令，或按Ctrl+N键，新建一幅RGB模式空白图像，

如图3.32所示设置，单击“确定”按钮结束。

（2）将“前景色”的RGB值设置为（181、158、89），新建图层1，按Alt+Delete组合键，用前景色填充图像，如图3.33所示。

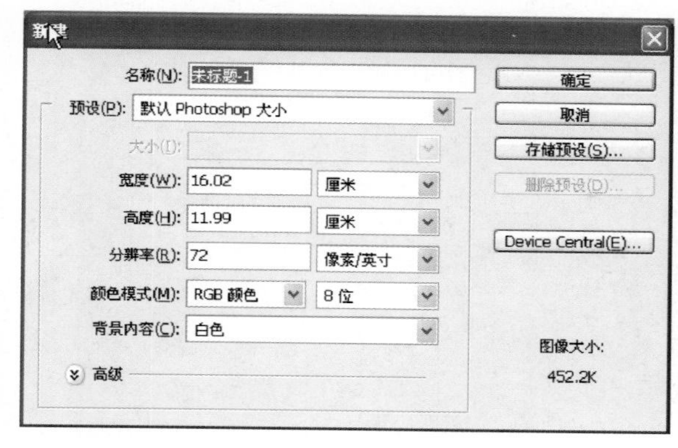


图3.32 “新建”对话框

图3.33 用前景色填充图像效果图

（3）执行“滤镜”|“杂色”|“添加杂色”命令，在弹出的“添加杂色”对话框中设置“数量”为21，如图3.34所示。单击“确定”按钮，可给图像添加杂色效果。

（4）执行“滤镜”|“模糊”|“动感模糊”命令，在弹出的“动感模糊”对话框中设置“距离”为70，如图3.35所示，单击“确定”按钮。

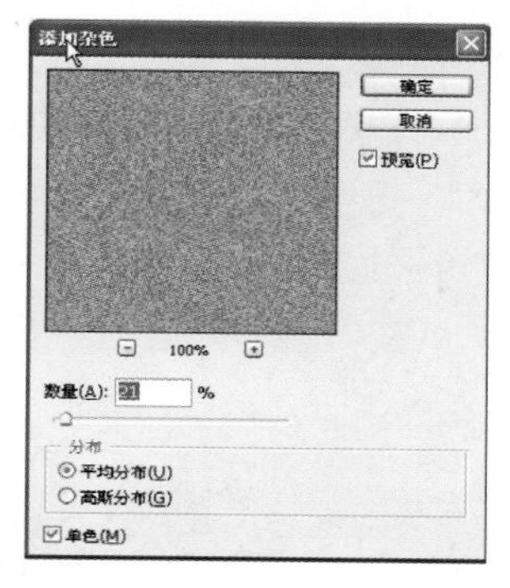


图3.34 “添加杂色”对话框

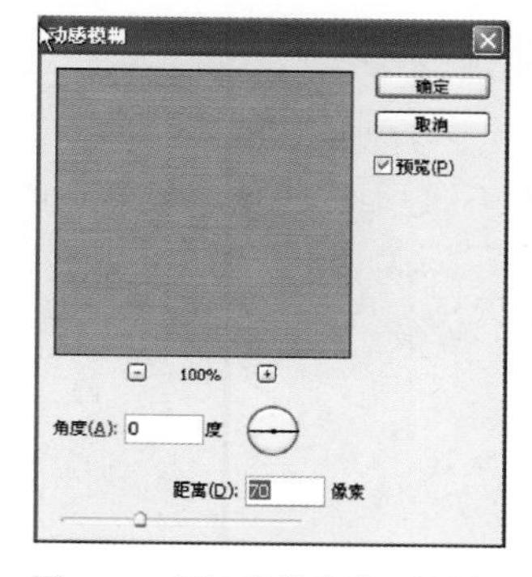


图3.35 “动感模糊”对话框

（5）选择“椭圆选框工具”选项，设定工具选项栏中的“羽化”值为15，然后在图中定义一个椭圆形的区域，如图3.36所示。

（6）执行“滤镜”|“扭曲”|“波浪”命令，在弹出的“波浪”对话框中设置如图3.37所示，然后单击“确定”按钮。

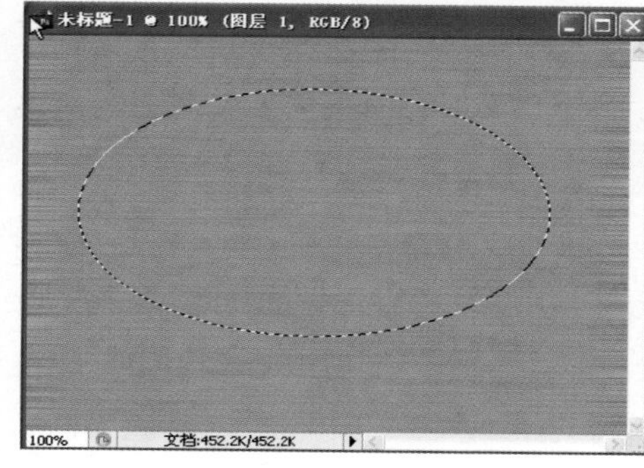


图3.36 定义一个椭圆形的区域

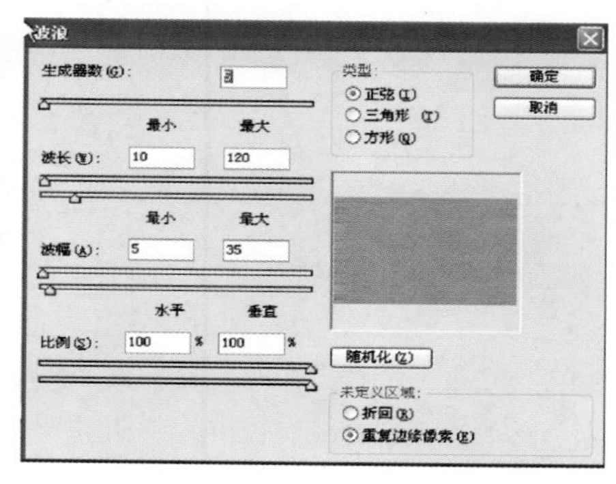


图3.37 “波浪”对话框

（7）执行“图像”|“调整”|“亮度/对比度”命令，在弹出的“亮度/对比度”对话框中设置如图3.38所示，单击“确定”按钮。最终效果如图3.39所示。

图3.38 “亮度/对比度”对话框

图3.39 最终木纹效果图

## 3.5 | 大理石纹理制作

在建筑装修中，大理石以其丰富多彩的纹理和色彩一直受到人们的青睐，现在来学习一下大理石纹理的制作方法。

（1）执行“文件”|“新建”命令，或按Ctrl+N组合键，新建一幅RGB模式空白图像，如图3.40所示设置，单击“确定”按钮结束。

（2）将“前景色”和“背景色”分别设置为默认的黑色和白色。

（3）执行“滤镜”|“渲染”|“云彩”命令，可按Ctrl+F快捷键多执行几次，效果如图3.41所示。

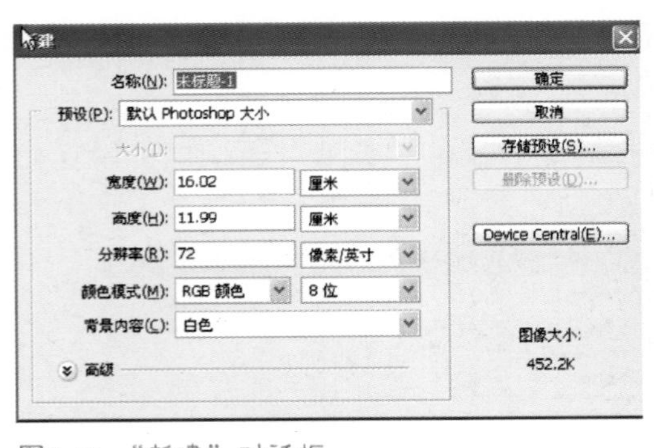


图3.40 “新建”对话框

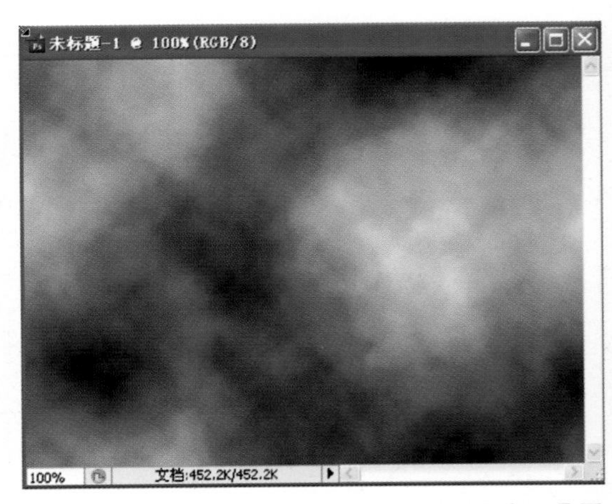


图3.41 云彩渲染效果图

（4）执行“滤镜”|“风格化”|“查找边缘”命令，效果如图3.42所示。

（5）执行“图像”|“调整”|“亮度/对比度”命令，在弹出的“亮度/对比度”对话框中设置如图3.43所示，单击“确定”按钮。

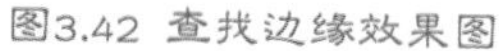
图3.42 查找边缘效果图

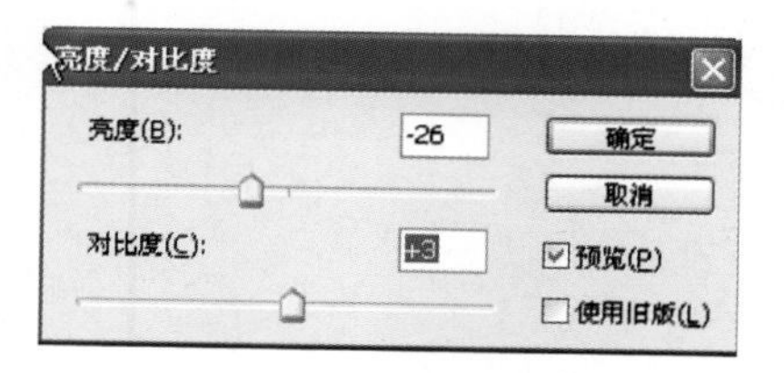


图3.43 “亮度/对比度”对话框

（6）执行“图像”|“调整”|“反相”命令，或按Ctrl+I快捷键，效果如图3.44所示。

图3.44 反相效果图

（7）为大理石着色。执行“图像”|“调整”|“色相/饱和度”命令，在弹出的“色相/饱和度”对话框中设置如图3.45所示，单击“确定”按钮，大理石材质纹理制作完成，效果如图3.46所示。

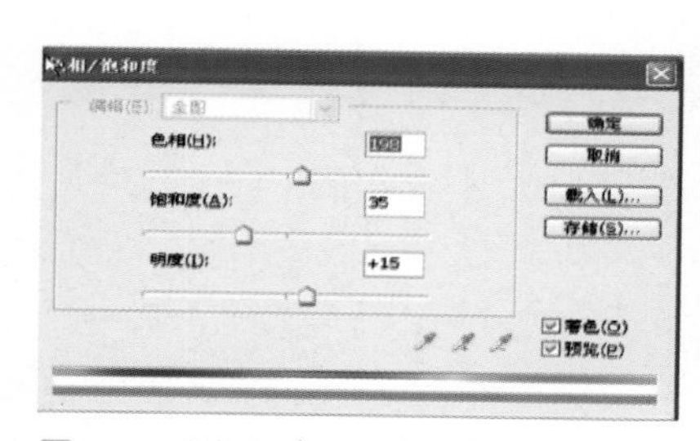


图3.45 “色相/饱和度”对话框

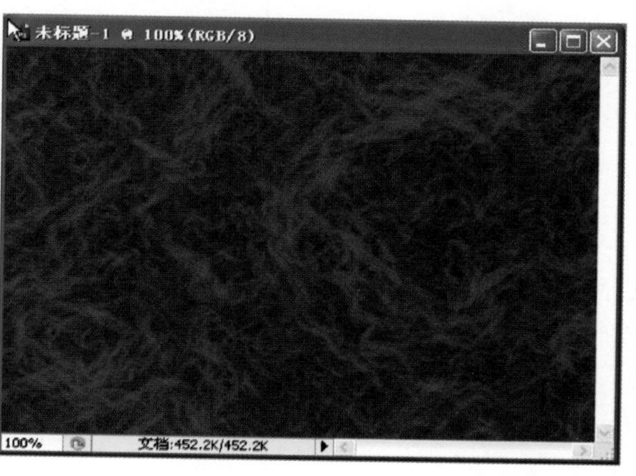


图3.46 最终大理石纹理效果图

## 本章小结

本章介绍了效果图后期设计中常用的三维纹理与材质的制作与表现技巧，重点讲述了Photoshop CS3中各种滤镜的综合应用，通过本章的学习，可以掌握砖墙纹理、岩石纹理、金属材质、木纹材质、大理石纹理等的制作方法，应做到举一反三，不断积累制作经验，使自己的效果图设计水平更上一层楼。

## 习题

1．选择题

（1）Photoshop CS3在制作材质及纹理方面，可以通过执行（　　）命令来完成。

A．编辑　　B．视图　　C．滤镜　　D．窗口

（2）在制作一个纹理的文件时，一般可将文件的分辨率设定为（　　）像素。

A．32　　B．72　　C．100　　D．300

（3）通过Alpha通道创建选区，按（　　）组合键可将选区载入。

A．Ctrl　　B．Alt　　C．Shift　　D．Ctrl + Shift

（4）在“滤镜”命令执行后，按（　　）组合键，可以将命令多次执行。

A．Ctrl + C　　B．Alt + Ctrl + A　　C．Ctrl + F　　D．Ctrl + T

（5）（　　）命令可以调整色调上的任意一点，除了可以调整图像的亮度和对比度，还可以调整图像的颜色。

A．曲线　　B．去色　　C．阈值　　D．色彩平衡

2．简答题

（1）什么是滤镜？滤镜的作用有哪些？

（2）Photoshop CS3有几种滤镜方式？各种滤镜内容分别有哪些特点？

3．实训题

（1）实训目标：掌握Photoshop CS3在建筑效果图前期及后期制作中常见纹理的制作，并在制作过程中掌握滤镜的使用方法及技巧。

（2）实训要求：上机操作完成一个中国传统的朱红色砖墙的纹理。由教师介绍该实训的要求和注意事项，然后将实训课题布置给学生。学生依据Photoshop CS3滤镜的基本操作知识，分析该实训项目所需的操作命令，上机操作按步骤进行制作。制作完成后教师对实训过程中存在的普遍问题进行总结和评价，最后指导学生进行拓展训练。

# 第4章　效果图中光影效果处理

## 教学目标

通过学习效果图中光影效果处理，了解光影效果处理的步骤和方法，达到灵活运用软件工具和菜单命令，修改和添加不同的光影效果的能力。

## 教学要求

| 能力目标 | 知识要点 | 权重 |
| --- | --- | --- |
| 了解光影处理方法的命令 | 工作界面、操作环境、文件操作及管理 | 25% |
| 掌握光影的设计方法和步骤 | 画笔属性的设定和应用技巧 | 40% |
| 掌握修改不同的光照效果的方法 | 设计思路和菜单命令的运用 | 35% |

**引例**

图4.1 处理前效果

图4.2 处理后效果

**比较以上两幅室内效果图，图4.1为用Photoshop软件处理前，图4.2为用Photoshop软件处理后。对于三维软件制作后的室内效果图，设计师会通过改变不同的光影效果来增加空间的美感。Photoshop软件对室内效果图光影的修改和添加，与三维软件相比不仅节省了渲染的时间，而且能够得到更加丰富的光影效果。需要思考的问题是如何通过Photoshop将一幅室内效果图的光影效果处理的更加完美。**

在建筑效果图的后期处理中，设计师对光源的修改和设置更加重视，其中对错误光照的修改，筒灯、内藏发光灯管灯池的应用及光影的添加使用得更为广泛。

## 4.1 | 修改错误的光照效果

（1）执行“文件”|“打开”命令，打开需要修改错误光源的建筑效果图，如图4.3所示。

（2）效果图左右两侧墙面的光线看上去有些暗，所以需要做的是将光线调整得更亮一些。

（3）单击“缩放工具”按钮，将文件放大到300%。

（4）选择“多边形套索工具”选项按钮，同时按空格键，用“抓手工具”按钮调整到需要选择的画面位置。用“多边形套索工具”将左侧的墙面选择出来。再次单击“缩放工具”按钮同时按Alt键，将文件缩小到100%，如图4.4所示。

图4.3 建筑效果图

图4.4 被选择的墙面区域

(5) 为了更好地看清边缘效果，执行“视图”｜“显示”｜“选区边缘”命令，将选择区域暂时隐藏。

(6) 执行“图像”｜“调整”｜“亮度/对比度”命令，把“亮度”设为+50，如图4.5所示。

(7) 按照以上的方法，把右侧的墙面光线调整为明亮效果，最终效果如图4.6所示。

图4.5 调整“亮度”

图4.6 最终效果图

## 4.2 | 光源绘制

### 4.2.1 筒灯的绘制

(1) 执行“文件”｜“打开”命令，打开需要增加筒灯的建筑效果图，如图4.7所示。

(2) 选择“钢笔工具”选项，在需要添加筒灯的位置绘制一条路径，如图4.8所示。

图4.7 建筑效果图

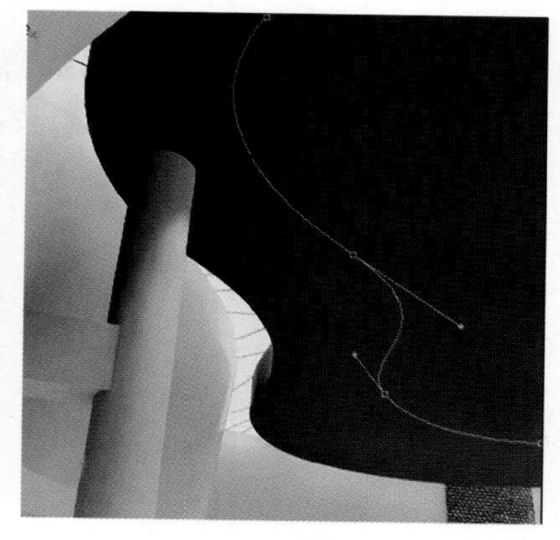

图4.8 绘制的路径

(3) 在“图层”面板中新建“图层1”，如图4.9所示。

(4) 将“前景色”设置为“Y30”的浅黄色。在工具箱内选择“画笔工具”选项按钮，在工具选项栏单击“切换画笔调板”按钮，将“画笔”面板打开。选择画笔笔尖形状，设置数值如图4.10所示。

图4.9 新建图层1

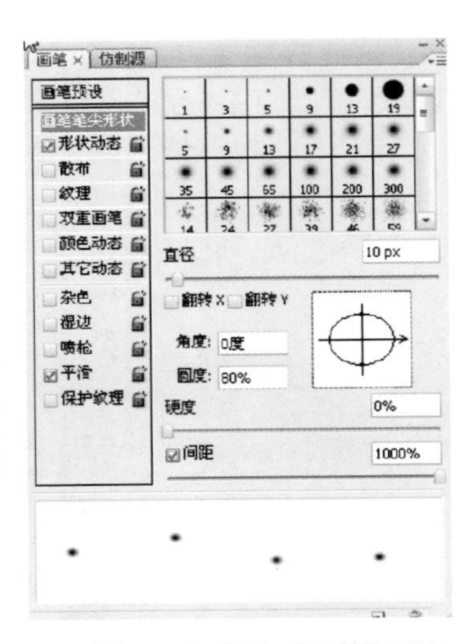


图4.10 打开的“画笔”面板

（5）在“路径”面板中单击“用画笔描边路径”按钮，如图4.11所示。可以看到效果如图4.12所示。

图4.11 “路径”面板

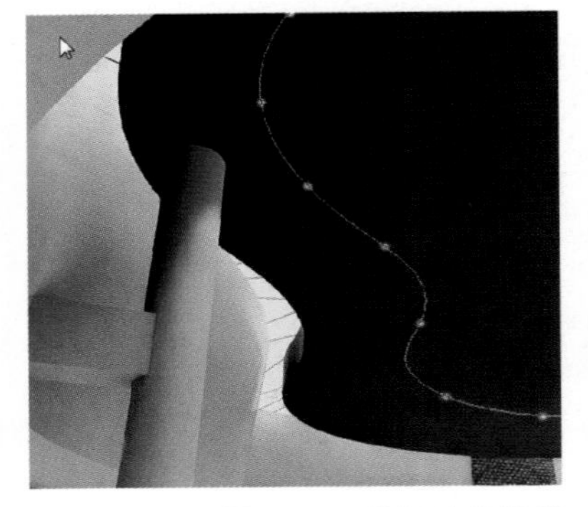

图4.12 画笔描边效果图

（6）在“路径”面板中将“工作路径”隐藏如图4.13所示，效果如图4.14所示。

图4.13 “路径”面板

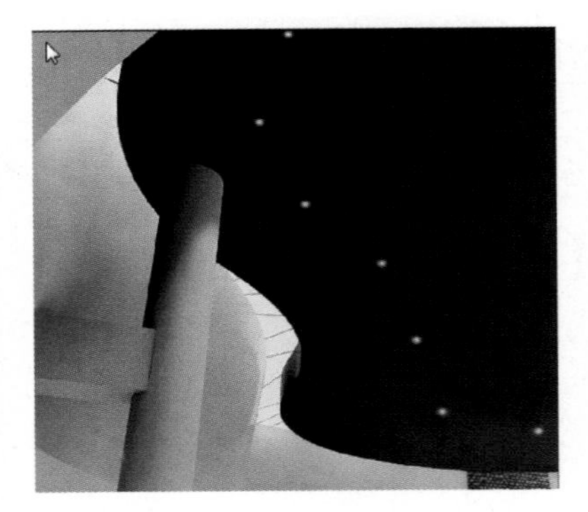

图4.14 隐藏工作路径效果图

（7）为了符合画面中的透视效果，执行“编辑”｜“变换路径”｜“透视”命令，将整组筒灯添加透视效果。也可根据画面需要添加不同的变换方式，如图4.15所示。

（8）懂得了添加筒灯的基本原理，可以根据自己的设计思路添加更多的筒灯效果，如图4.16所示。

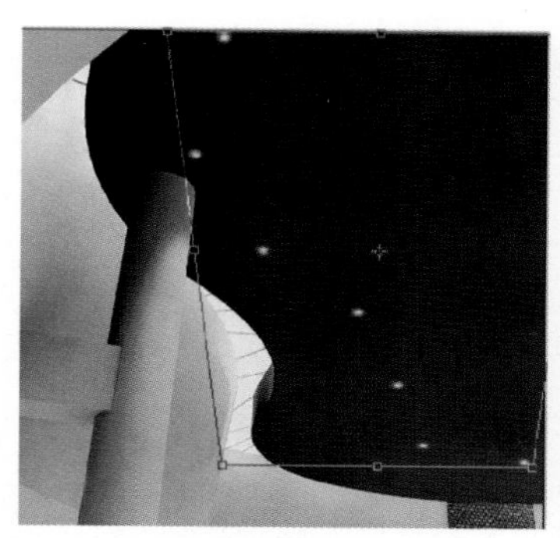

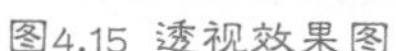

图4.15 透视效果图

图4.16 最终效果图

## 4.2.2 内藏发光灯管灯池

在很多室内设计装修中，会碰到等级吊顶或落差吊顶。这样的装修会给室内带来华丽的感觉，除了用于家庭装修，在公共装修中也常常用到。其灯光的特点是在吊顶中制作内藏式的发光灯管灯池。

（1）执行“文件”｜“打开”命令，打开需要增加内藏发光灯管灯池的建筑效果图，如图4.17所示。

（2）执行“视图”｜“标尺”命令显示标尺，同时把二级吊顶的位置用辅助线表示出来，如图4.18所示。

图4.17 建筑效果图

图4.18 显示标尺和辅助线

（3）在“图层”面板中新建图层1，选择“矩形选框工具”选项，在准确的位置绘制一个矩形选框，并填充CMY颜色值为（30、40、70）的颜色，如图4.19所示。

（4）按Ctrl+D组合键取消以上的选区，选择“多边形套索工具”选项按钮，在左侧的位置绘制一个二级吊顶灯池的左侧选区。

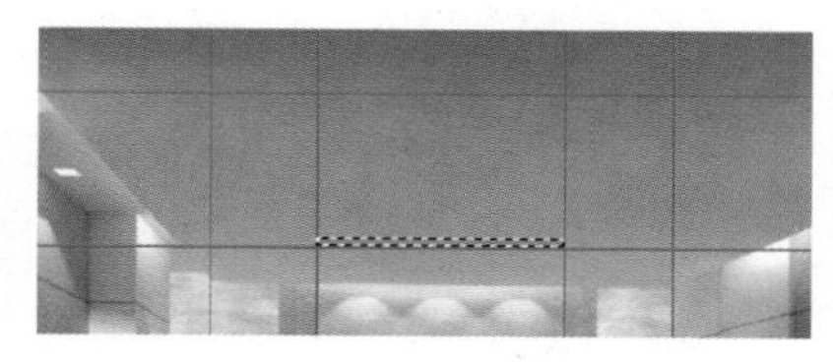

图4.19 填充颜色效果图

图4.20 设置“线性渐变”

（5）选择“渐变工具”选项按钮，并把渐变模式设置为“线性渐变”，如图4.20所示。在渐变编辑器中设置从CMY颜色值为（26、34、56）的颜色到CMY颜色值为（40、45、64）的颜色的渐变，如图4.21所示。

（6）按住Shift键，从选区的最顶部拖动鼠标至选区的最底部释放鼠标，如图4.22所示。

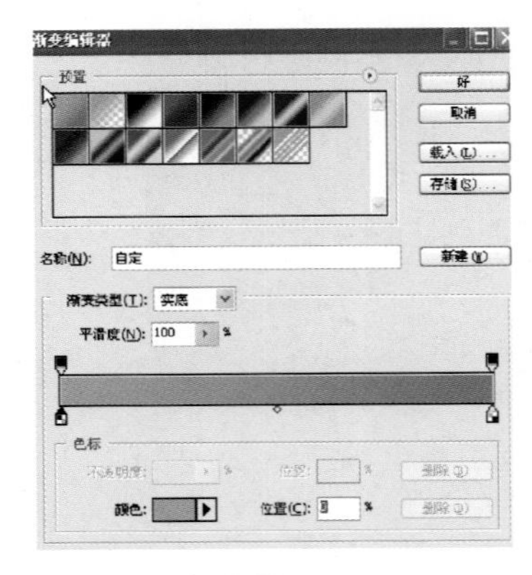

图4.21 颜色设置

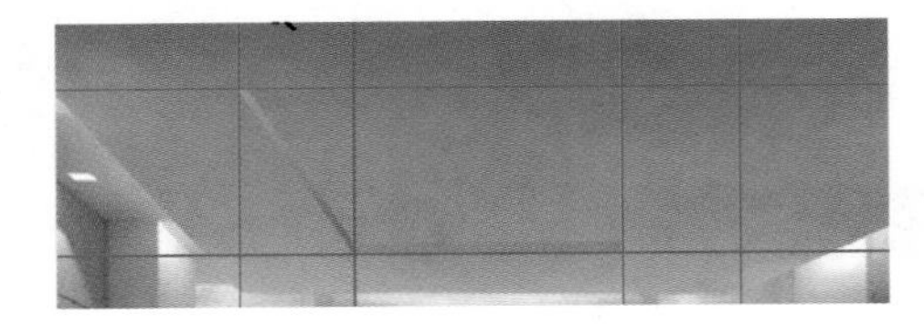
图4.22 二级吊顶左侧

（7）按照以上的方法，制作右侧的灯池如图4.23所示。

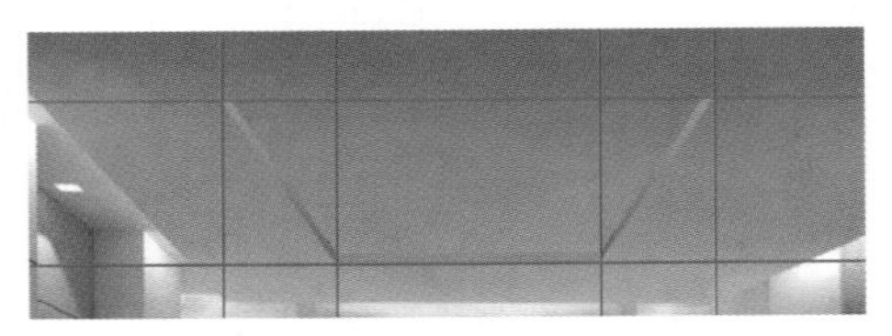
图4.23 二级吊顶右侧

（8）在“图层”面板中新建图层2，增加前端的灯池部分。将“前景色”设置成CMY颜色值为（30、40、70）的颜色，选择工具箱中的“直线工具”选项，如图4.24所示。工作模式设置为“填充像素”，“粗细”为1像素，如图4.25所示。

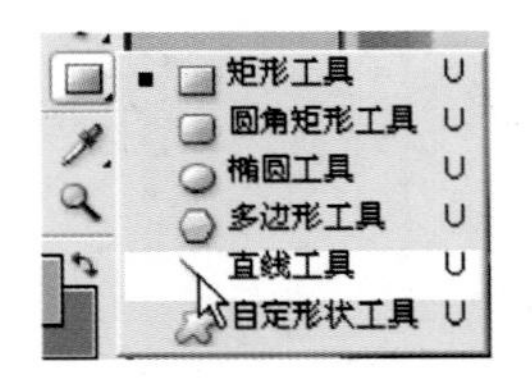

图4.24 选择“直线工具”选项

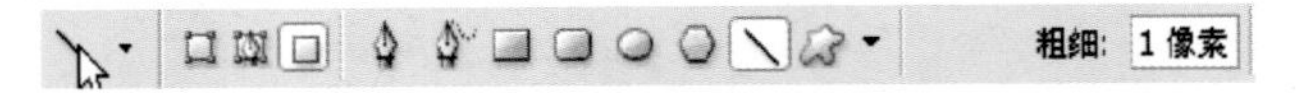

图4.25 “直线工具”的工具选项栏

（9）从灯池的左侧顶端拖动鼠标至右侧的顶端，执行“视图”|“清除参考线”命令，如图4.26所示。

（10）在工具箱中选择“钢笔工具”选项按钮，在所画灯池的内部绘制形状相同的路径，如图4.27所示。把“前景色”设置为白色，在工具箱内选择“画笔工具”选项按钮。在工具选项栏选择“画笔”笔尖形状和“不透明度”，设置如图4.28所示。

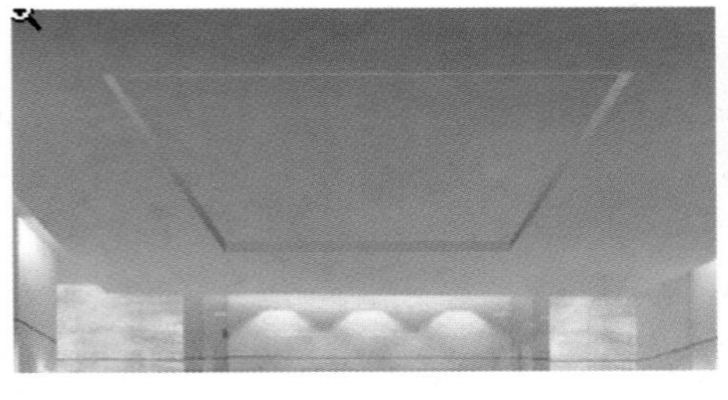
图4.26 “清除参考线”

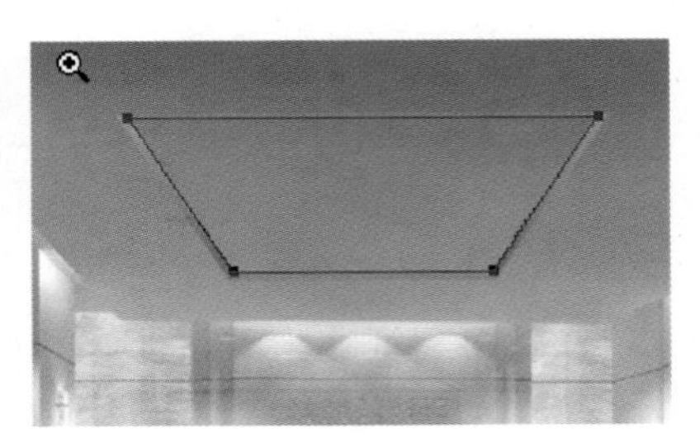
图4.27 绘制灯池内部

画笔: 70 模式: 正常 不透明度: 40%

图4.28 “画笔工具”的工具选项栏

（11）在“图层”面板中新建图层2。在“路径”面板中，单击“用画笔描边路径”按钮。增加了淡淡的发光效果，如图4.29所示。

（12）在工具选项栏中设置画笔工具的属性，“主直径”为40，“不透明度”为70%。在“路径”面板中再次单击“用画笔描边路径”按钮。增加发光效果如图4.30所示。

图4.29 发光效果图1

图4.30 发光效果图2

（13）在工具选项栏中设置画笔工具的属性，“主直径”为20，“不透明度”为100%。在“路径”面板中再次单击“用画笔描边路径”按钮。增加发光效果如图4.31所示。

（14）在“路径”面板中，单击“用将路径作为选区载入”按钮。将路径转换成选区，在“图层”面板单击“增加图层蒙版”按钮，遮挡了不需要的灯光部分，如图4.32所示。

图4.31 发光效果图3

图4.32 最终效果图

## 4.3 | 光影效果处理

在效果图的后期处理中，调整光的效果尤为重要，如增加光晕、闪光、光影等。通过增加光的效果可以制造出更好的视觉效果。

### 4.3.1 闪光效果

（1）执行“文件”|“打开”命令，打开需要增加闪光的效果图，如图4.33所示。

（2）打开“图层”面板，新建“图层1”。在工具箱中将“前景色”设置为白色。选择工具箱中的“画笔工具”选项按钮，在工具选项栏中单击“切换画笔面板”按钮，如图4.34所示。

图4.33 效果图

图4.34 “画笔工具”的工具选项栏

（3）将“画笔”面板中的“直径”、“角度”、“圆度”分别设置为90、−150、1%，数值的设置可根据画面尺寸进行改变，如图4.35所示。同时在画面中需要增加闪光的位置进行单击，如图4.36所示。

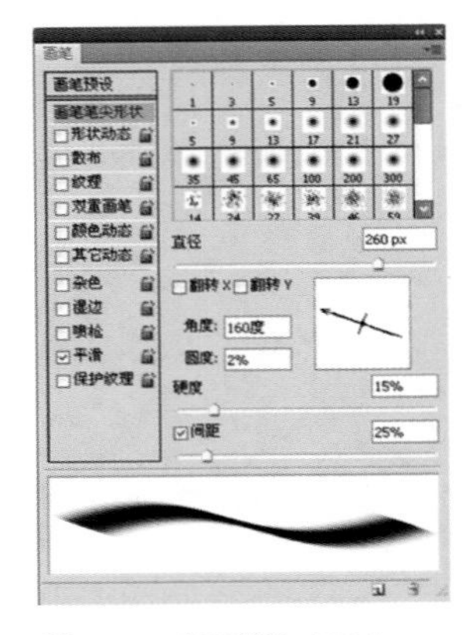

图4.35 “画笔”面板1

图4.36 选择需要增加闪光的位置1

（4）将“画笔”面板中的“直径”、“角度”、“圆度”设置为85、170、2%，如图4.37所示。同时在画面中需要增加闪光的位置进行单击，如图4.38所示。

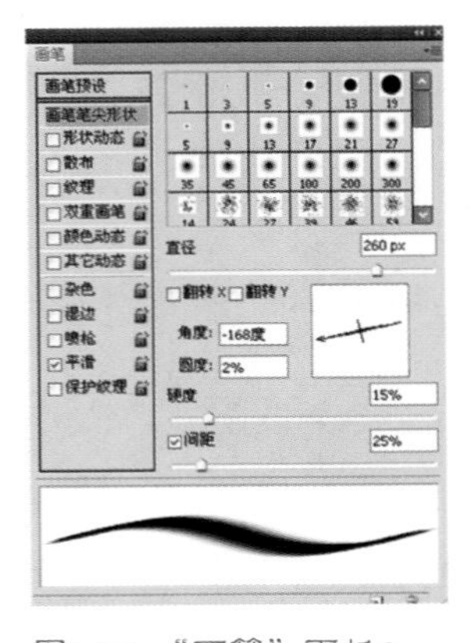

图4.37 “画笔”面板2

图4.38 选择需要增加闪光的位置2

（5）将“画笔”面板中的“直径”、“角度”、“圆度”设置为140、60、1%，如图4.39所示。同时在画面中需要增加闪光的位置进行单击，如图4.40所示。

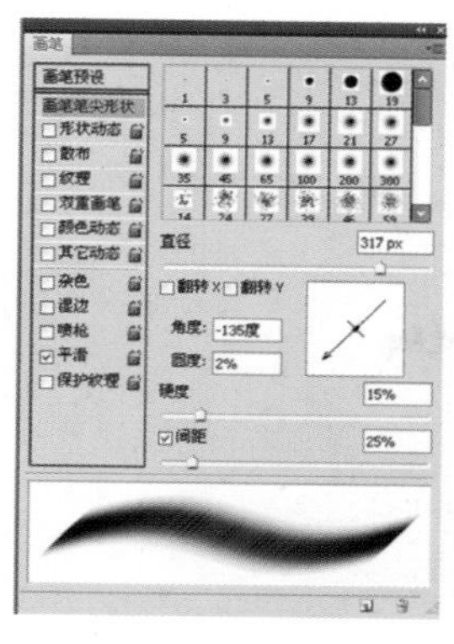

图4.39 画笔”面板3

图4.40 选择需要增加闪光的位置3

（6）可以重复以上的操作增加更强的闪光效果，如图4.41所示。执行“编辑”|“自由变换”命令，按住Shift键向内外拖动鼠标，可以改变闪光的大小。

（7）在工具箱中选择“拖动工具”选项按钮，按Alt键复制一个闪光效果，并把它放置到其他位置。最终效果如图4.42所示。

图4.41 增加更强的闪光效果图

图4.42 最终效果图

## 4.3.2 光晕效果

在室内设计的后期处理中，对较暗的居室，巧妙地使用灯光能给人温馨的感觉。

（1）执行“文件”|“打开”命令，打开需要增加光晕的建筑效果图，如图4.43所示。

（2）在“图层”面板中新建图层。把“前景色”设置为白色，在工具箱内选择“画笔工具”选项，打开工具选项栏中的“画笔预设”，如图4.44所示。选择一个柔角的画笔，并把画笔的大小调为比台灯大两倍的尺寸。“不透明度”设置为30。

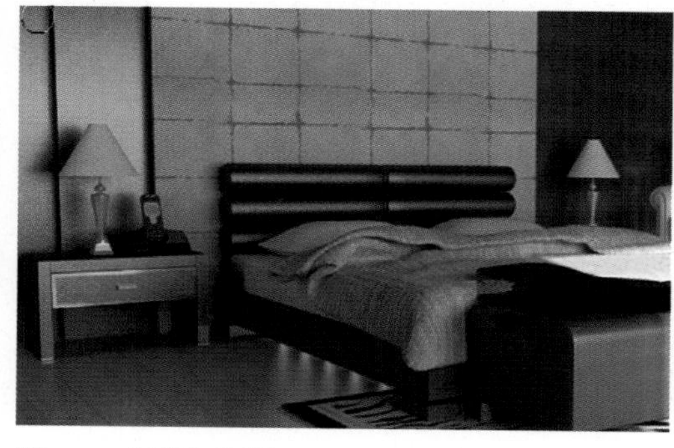

图4.43 建筑效果图

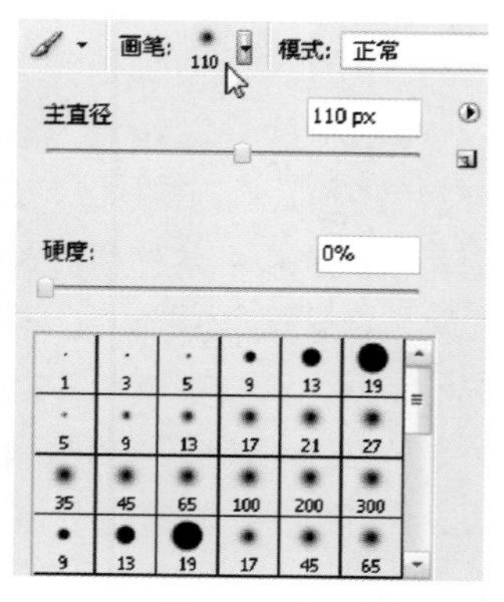


图4.44 “画笔预设”

（3）在台灯的位置单击，可以表现台灯发出的光芒，如图4.45所示。

（4）把画笔的大小调为比台灯大一倍的尺寸。“不透明度”设置为60。在台灯的中心位置单击，如图4.46所示。

图4.45 台灯发光效果图1

图4.46 台灯发光效果图2

（5）把画笔的大小调为比台灯略小的尺寸。“不透明度”设置为80。在台灯的中心位置单击，如图4.47所示。

（6）用相同的方法对其他的灯具增加光晕的效果，如图4.48所示。

图4.47 台灯发光效果图3

图4.48 最终效果

## 4.3.3 增加人物及倒影效果

（1）执行“文件”｜“打开”命令，打开需要增加人物、植物或倒影的建筑效果图和准备好的素材，如图4.49所示。

（2）选择“拖动工具”选项按钮，将图4.49（b）中的人物拖到建筑效果图［见图4.49（a）］的合适位置（如果人物素材是有背景色的，应该先将人物部分转化为选择区域，才可以进行拖动），如图4.50所示。在建筑效果图的“图层”面板中生成了一个“人物素材“图层。

（3）将“人物素材”图层复制一个副本图层，并执行“编辑”｜“变换”｜“垂直翻转”命令，如图4.51所示。

(a)

(b)

图4.49 建筑效果图和素材图

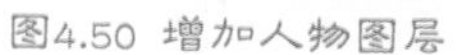

图4.50 增加人物图层　　图4.51 增加垂直翻转的人物图层

（4）选择“套索工具”选项按钮，在“人物素材副本”图层中将左边的人物“载入选区”，如图4.52所示。并执行“图层”｜“新建”｜“通过剪切的图层”命令，将“人物素材副本”图层中左边的人物剪贴到一个新的图层中。可以看到在“图层”面板中生成了“图层1”，如图4.53所示。

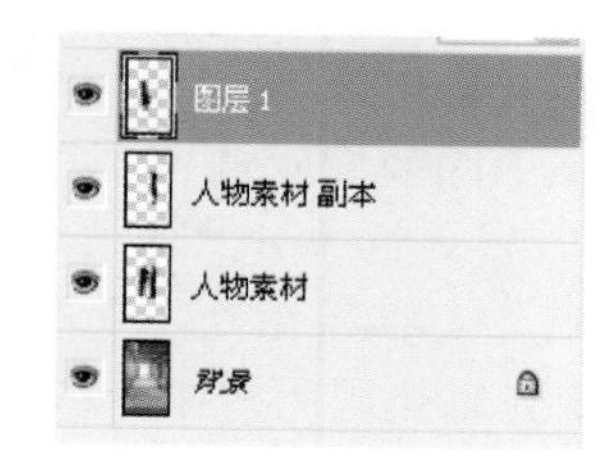


图4.52 “载入选区”　　图4.53 生成“图层1”

（5）将“人物素材”图层拖到最上层。选择“拖动工具”选项按钮，将图层1的人物拖到适合的位置，如图4.54所示。

（6）将“图层1”的“不透明度”调整为30%（不透明度的大小可根据地面的材质进行调整），如图4.55所示。

图4.54 调整左边人物　　图4.55 调整倒影不透明度

（7）执行“滤镜”｜“模糊”｜“高斯模糊”命令，“半径”设置为2.0。给倒影增加了一些模糊的效果，如图4.56所示。

（8）用同样的方法选择“人物素材副本”图层，将右边人物的倒影表现出来。最终效果如图4.57所示。

图4.56 模糊倒影效果图

图4.57 最终效果图

## 本 章 小 结

本章介绍了效果图后期设计中常用的光影效果处理的制作与表现技巧，重点讲述了Photoshop CS3中各种工具的综合应用，通过本章的学习，可以掌握修改错误的光照效果、绘制光源、添加光影效果等的制作方法，应做到举一反三，不断积累制作经验，使自己在光影处理上的设计水平更上一层楼。

## 习 题

1．选择题

（1）在Photoshop CS3的文件中当出现选区时，执行（　　）命令可将选择区域暂时隐藏，以便更好地看清图像边缘效果。

A．图像｜调整｜亮度/对比度　　B．文件｜打开

C．视图｜显示｜选区边缘　　D．编辑｜变换

（2）为了画笔大小合适，在“路径”面板中选择“用画笔描边路径”时，应先调整（　　）面板的属性设置。

A．画笔　　B．图层　　C．色彩　　D．滤镜

（3）按（　　）组合键当前选区被取消。

A．Ctrl + V　　B．Ctrl + D　　C．Shift + S　　D．Ctrl + Shift

（4）在图像自由变换中，按（　　）键，可以将图像同比例放大。

A．Ctrl　　B．Alt　　C．Ctrl + Shift　　D．Shift

（5）在给金属制作闪光时，为了体现强烈的光芒，应该调整“画笔”面板中的（　　）。

A．纹理　　　　B．画笔笔尖形态

C．杂色　　　　D．散布

2．简答题

（1）什么是路径？Photoshop CS3有几种绘制路径的方式？

（2）如何在Photoshop CS3的文件中为现有的图像增加一个倒影？

3．实训题

（1）实训目标：掌握Photoshop CS3在效果图中常见光影效果处理的步骤和方法，并能够做到举一反三。

（2）实训要求：上机操作完成一个毛玻璃的光影反光效果。在实训过程中学生首先了解毛玻璃的反光特点，分析该实训项目所需的操作命令。学生通过主动探讨、教师引导的方式，上机操作按步骤进行制作。制作完成后教师对实训过程进行总结，将遇到的问题给予讲解。最后进行拓展训练。

# 第5章　室内效果图后期制作

## 教学目标

通过我们可以学习Photoshop CS3在室内效果图后期处理中的操作与步骤，掌握如何由浅入深、由局部到全面等科学的处理方法和相关技巧。

## 教学要求

| 能力目标 | 知识要点 | 权重 |
| --- | --- | --- |
| 掌握曲线编辑器的使用 | 使用曲线编辑器对画面调亮与调暗的应用与把握 | 20% |
| 掌握自由变换的功能 | 功能组成、实现不同变换方式的方法 | 20% |
| 掌握画笔工具的使用 | 画笔工具对细部修改的应用 | 10% |
| 掌握色彩平衡编辑器的使用 | 色彩平衡编辑器对效果图冷暖修改的应用方法 | 20% |
| 掌握科学合理的后期处理方法 | 使用科学有序的处理方法，达到事半功倍的效果 | 30% |

**引例**

图5.1 处理前

图5.2 处理后

**比较以上两幅室内效果图，图5.1为用Photoshop软件处理前，图5.2为用Photoshop软件处理后。一般通过三维软件制作的室内效果图都比较灰暗，色彩也不够丰富，缺乏明暗冷暖等变化；在添加配景和配饰方面，三维软件的操作过程也较为复杂，并且视觉效果也不够理想。而在Photoshop中调整效果图的明暗冷暖、整体与局部、添加配景与配饰等不仅省时省力，而且效果好。需要思考的问题是如何通过Photoshop将一幅室内效果图处理成整体统一而又色彩丰富的优秀作品。**

## 5.1 | 室内效果图后期处理流程

刚入门的设计师在开始处理室内效果图时，由于有很多地方需要修改，很多配景需要添加，所以在处理过程中有的会感觉无从下手，而有的可能会乱改一气，这样既破坏效果又浪费时间，所以作为一名优秀的室内设计师掌握好科学有序的效果图后期处理流程是十分重要的。

### 5.1.1 室内效果图后期处理基础理论

效果图后期处理流程可以简单地概括为先整体、再局部、再整体。在修改之前必须先有立意、意在笔先，即先对要处理的效果图有总体把握，经过深思熟虑，有了“想法”后才能动手修改。在具体修改过程中，则要掌握从外到里、再从里到外，局部与整体协调统一，以达到室内各构件与整体的色彩风格相互对应，协调统一。

### 5.1.2 后期处理基本步骤

一般效果图的处理步骤可以概括为以下4步。

（1）对效果图的整体明暗、色彩的调整。

（2）添加植物、人物、装饰物等配景。

（3）细部处理。

（4）总体调整，使整幅画面协调统一。

下面以客厅效果图为例对以上理论与步骤进行实例应用。

## 5.2 | 室内效果图的整体处理

### 5.2.1 室内效果图的明暗调整

（1）在Photoshop中打开一幅用三维软件渲染完成的客厅效果图，如图5.3所示。

（2）在处理效果图之前一定要先观察好图片，目的是为了找出效果图的不足之处，然后才能做到胸有成竹，有目的地进行处理与修改。先观察本幅效果图，首先整体比较灰暗、沉闷，那么先对其进行整体的明暗修改调整。执行“图像”|“调整”|“曲线”命令，将“曲线”对话框打开，如图5.4所示。

图5.3 在Photoshop中打开室内效果图

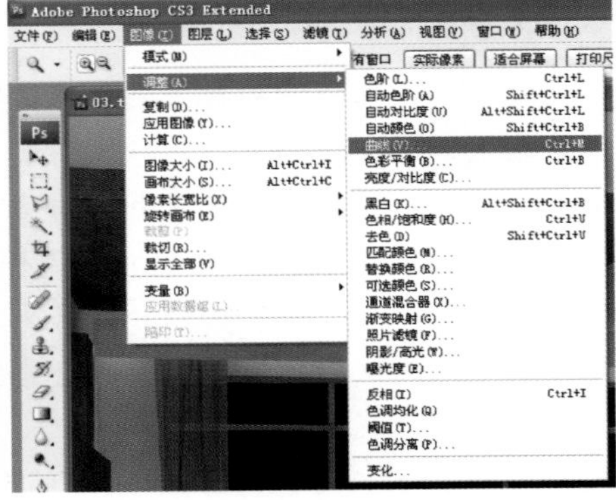

图5.4 打开“曲线”对话框

提示：**“曲线”对话框也可以通过按Ctrl+M快捷键调出**。

（3）通过“曲线”对话框对整幅效果图进行调整，如图5.5所示。

“曲线”对话框的使用主要通过用鼠标拖动“曲线”对话框中曲线编辑框里的斜线（箭头所指斜线）来进行操作，如图5.6所示。

（4）现在看到经过“曲线”对话框调整的效果图画面已经变得明快了，但是整体色彩还不够鲜亮，可以通过“柔光模式”命令来进行修改调整。

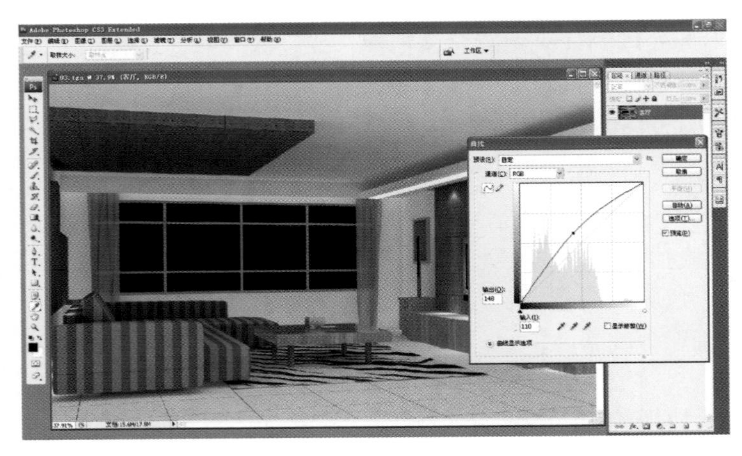

图5.5 用“曲线”对话框调整画面

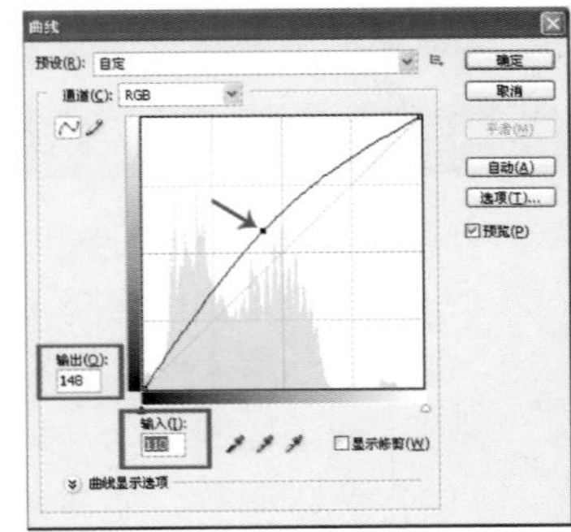

图5.6 “曲线”对话框

① 在“图层”面板的客厅图层上单击鼠标右键，选择“复制图层”命令，如图5.7所示。Photoshop默认命名为“客厅副本”，如图5.8所示。从而建立一个新图层，如图5.9所示。

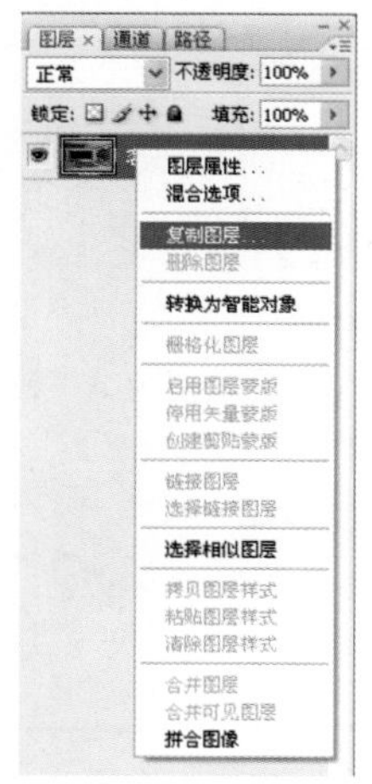

图5.7 “复制图层”命令

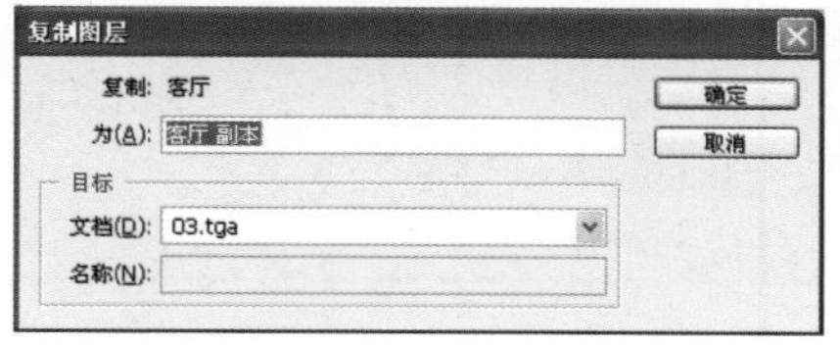


图5.8 “复制图层”对话框

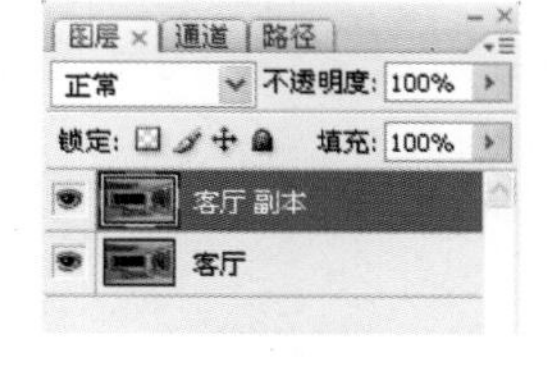


图5.9 “图层”面板效果

**【知识链接】**

复制图层常用的方法。

（1）将要复制的图层用鼠标拖到“图层”面板下面的“新建图层”图标上，就可将此图层复制。

（2）在“图层”面板右击弹出的快捷菜单中选择“复制图层”命令。

（3）在图层下拉菜单中选择“复制图层”命令。

（4）按住Alt键，使用移动工具在文件中移动图像可以将该图层复制。

②选择“客厅副本”图层，选择“柔光”模式，如图5.10所示。然后调整“填充”数值为65%，如图5.11所示。

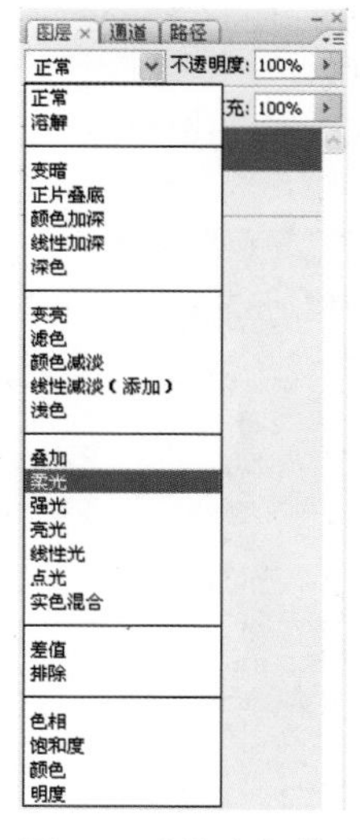


图5.10 “柔光”模式

图5.11 改变“填充”值

③ 执行“图层”|“合并可见图层”命令，将“客厅”与“客厅副本”两个图层合并为一个图层，如图5.12所示。

经过以上修改制作，可以看到画面已经变得明快而又鲜亮了，如图5.13所示。

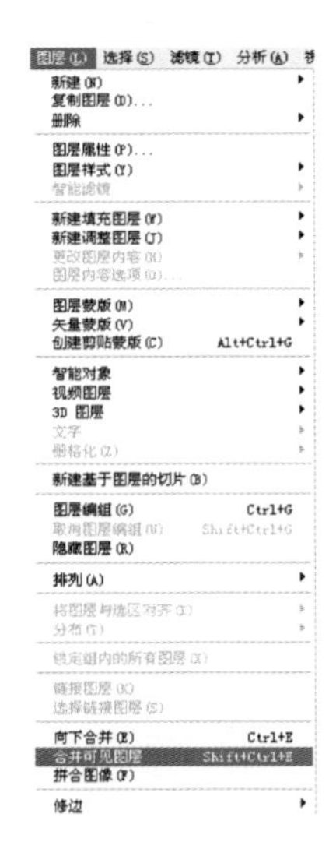


图5.12 合并图层

图5.13 效果图

## 5.2.2 室内效果图的画面视觉中心的处理制作

好的设计作品，其画面都有视觉中心，即整幅画面中最突出、最引人入胜的部分，有视觉中心的设计作品才能让人感觉主题鲜亮、层次分明。下面来介绍一下室内设计效果图视觉中心的处理与制作。

（1）单击Photoshop左侧工具箱中的“椭圆选框工具”按钮（箭头所指工具），在效果图画面中间位置即准备制作视觉中心的位置选取一定区域，并在选定的区域内单击鼠标右键，执行“羽化”命令，如图5.14所示。

图5.14 视觉中心制作操作演示

（2）在“羽化选区”对话框中，将“羽化半径”设为50像素，如图5.15所示。

图5.15 “羽化选区”对话框

（3）通过前面提到的方法打开“曲线”对话框，将选区中的部分调亮，如图5.16所示。

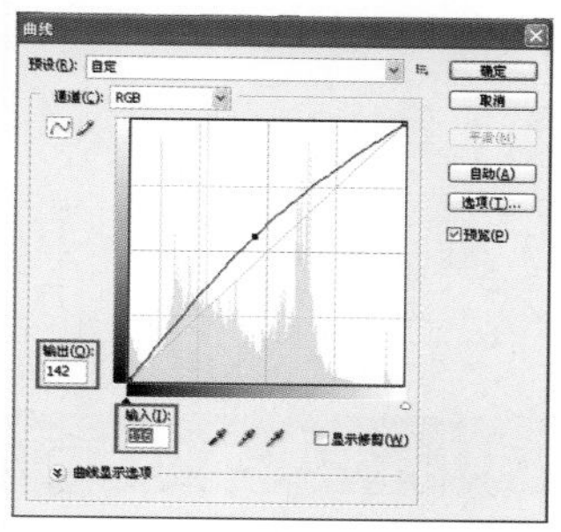


图5.16 通过“曲线”对话框调整视觉中心区

（4）执行“选择”|“反向”命令，将选区以外的部分选中，如图5.17所示。再通过“曲线”对话框将选区以外的部分调暗，如图5.18所示。

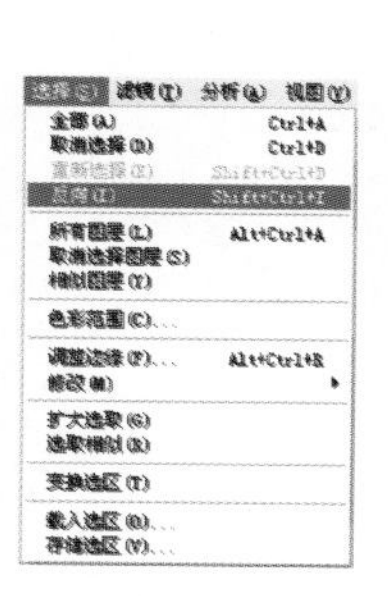


图5.17 “反向”命令

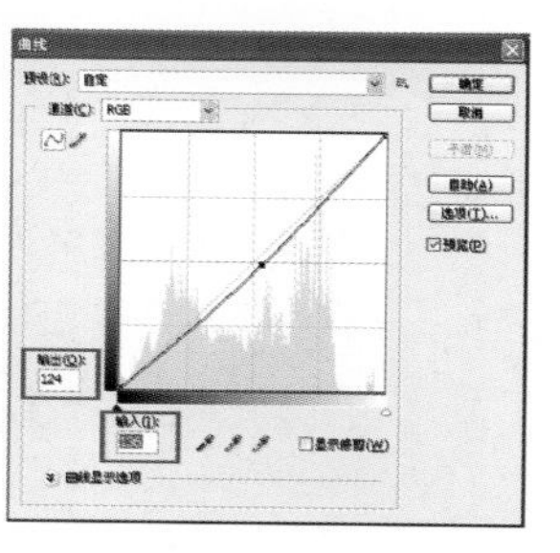


图5.18 通过“曲线”对话框调整非视觉中心区

（5）执行“选择”|“取消选择”命令，取消选区。至此效果图视觉中心的修改制作完成，如图5.19所示。

图5.19 视觉中心效果处理图

提示：**“反向”命令可以通过按Ctrl+Shift+I快捷键实现，取消选择命令可以通过按Ctrl+D快捷键实现。**

## 5.3 | 室内效果图的冷暖色彩的处理制作

一幅好的室内效果图不仅要有明暗变化，还要有冷暖色彩变化。下面就介绍一下如何在效果图中对冷暖色彩进行处理。

### 5.3.1 吊顶与电视背景墙的制作处理

（1）单击Photoshop左侧工具箱的“多边形套索工具”按钮（箭头所指工具），选取效果图中的吊顶与电视背景墙，如图5.20所示。

提示：**使用“多边形套索工具”时可以通过按Shift键实现同时选择多个物体，即“添加到选区”模式，按Alt键可以减掉多余选区，即“从选区中减去”模式。**

（2）通过“曲线”对话框对选中的部分进行调亮处理，如图5.21所示。

图5.20 选取吊顶与电视背景墙

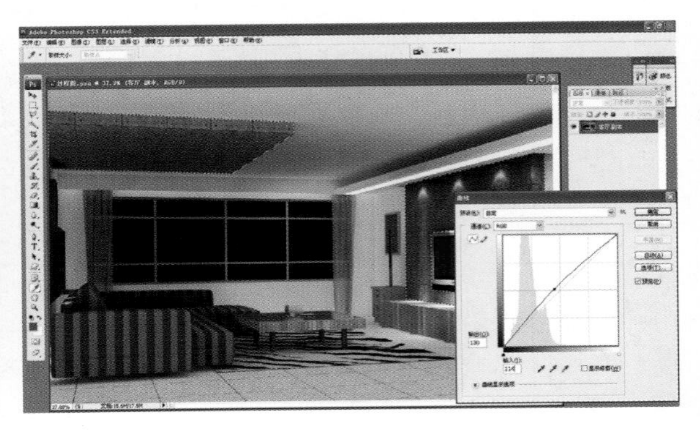

图5.21 选中部分的曲线调整

（3）执行“图像”|“调整”|“色彩平衡”命令，将“色彩平衡”对话框打开，如图5.22所示。

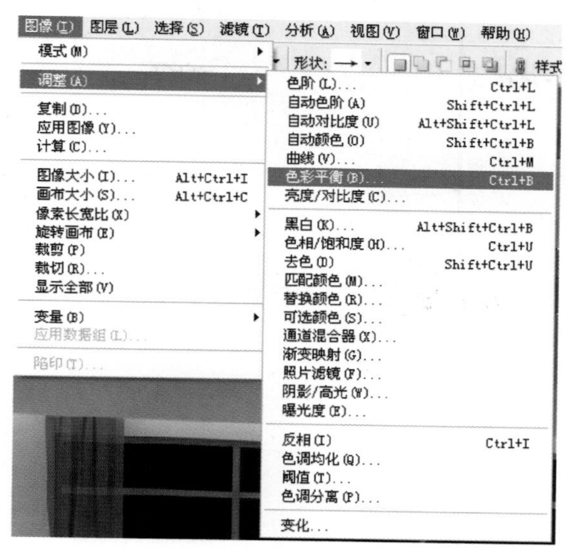


图5.22 “色彩平衡”的调出

提示：**“色彩平衡”对话框也可以通过按Ctrl+B快捷键调出**。

（4）通过在“色彩平衡”对话框中将吊顶与电视背景墙的色彩进行调整，让其整体颜色显黄，从而达到整体变暖的效果，如图5.23所示。

(a)

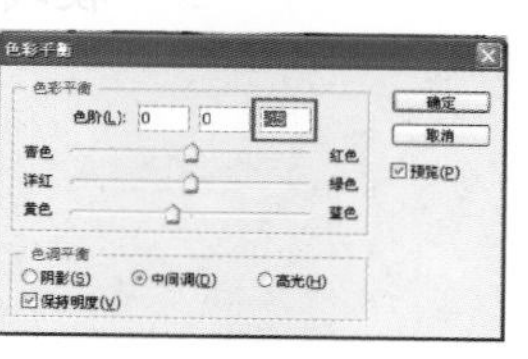

(b)

图5.23 “色彩平衡”对话框暖色调整的使用

## 5.3.2 地面的制作处理

以同样的方法用“多边形套索工具”选中地面，然后通过在“色彩平衡”对话框中将地面的色彩进行调整，让其整体颜色显蓝，从而达到整体变冷的效果，如图5.24所示。

(a)

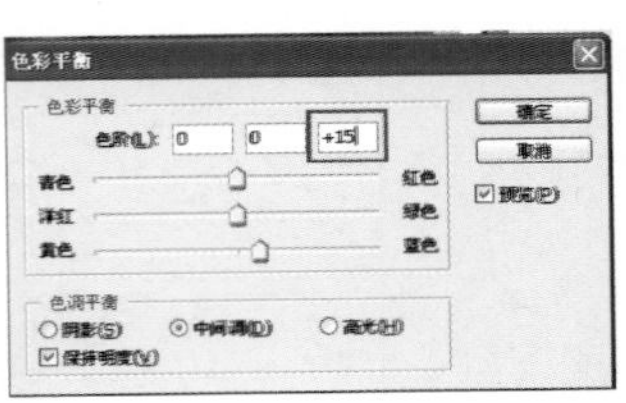

(b)

图5.24 “色彩平衡”对话框冷色调整的使用

## 5.4 | 室内效果图配景与配饰的添加制作处理

在Photoshop中添加配景配饰要比在三维渲染软件中添加制作简单容易，并且效果也好，能够达到事半功倍的效果。下面就分别来介绍一下添加图画、窗外景物以及小饰品等在Photoshop中最常用的添加制作方法。

### 5.4.1 添加电视图像与挂画的处理制作

（1）打开一幅电视画面的截图，执行“选择”|“全部”命令，如图5.25所示。将图片全部选中，然后用“移动工具”（箭头所指工具）将其拖入客厅效果图画面中，如图5.26所示。

提示：**画面全选也可以通过按Ctrl+A快捷键实现。**

图5.25 “全部”命令

图5.26 电视截图的拖入

（2）执行“编辑”|“自由变换”命令，如图5.27所示。将电视画面截图，通过变形调整放入客厅效果图里的电视机中，如图5.28所示。

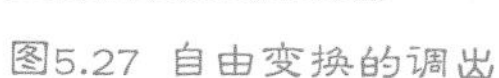

图5.27 自由变换的调出

图5.28 自由变换的使用演示

**提示：“自由变换”命令也可以通过按Ctrl+T快捷键调出。**

（3）用同样的方法，将客厅效果图中电视机两侧的挂画进行添加制作，如图5.29所示。

图5.29 配画添加完成图

**【知识链接】**

自由变换（Ctrl+T）的功能是将当前操作图像（当前层或选中的图像）进行放大、缩小、旋转、翻转、变形的操作。该命令有一个编辑框，通过调节框上的8个调节点，可以控制图像的大小及比例。若要保持图像的比例不变，可以在拖动对角调节点的同时按住Shift键，实现图像的等比例缩放。图像特别大时将Shift和Alt键同时按住再拖动对角调节点会明显加快调整的速度。按Ctrl键可以单独控制某一个调节点。调整完成后按Enter键结束，若对当前调整不满意，可按Esc键取消。

## 5.4.2 添加窗外景物的处理制作

（1）单击“多边形套索工具”按钮（箭头所指工具），将客厅效果图中的窗户选取，如图5.30所示。

图5.30 窗户的选取

（2）打开一幅城市夜景图片，将客厅效果图中的选区虚线移动到城市夜景图片中，如图5.31所示。并用“移动工具”将城市夜景图片的选区部分移动到客厅效果图中，如图5.32所示。最后将拖入的图层的“透明度”调整为45%，如图5.33所示。

图5.31 选区虚线移入

图5.32 选区的拖入

图5.33 “透明度”的修改

**提示：在将城市夜景选区拖入客厅效果图时，按住shift键，可以实现自动对齐。**

## 5.4.3 添加配饰的处理制作

打开一幅Photoshop格式的配饰图片，如图5.34所示。用“移动工具”将其拖入客厅效果图中，并用前面讲过的“自由变换工具”调整其大小，如图5.35所示。然后用“移动工具”将其放于电视柜上。最后用同样的方法完成对另一幅配景图片以及边角植物的添加，如图5.36所示。

图5.34 打开配饰图片

图5.35 通过“自由变换”调整配饰

图5.36 配景配饰添加完成效果图

提示：**在添加多个大小类似的配饰过程中，要根据近大远小的透视原理对配饰的大小进行相应的调整**。

## 5.5 | 室内效果图的细部处理制作

用三维软件渲染制作室内效果图时，渲染出的图片通常会有小瑕疵，最常见的为阴影问题，以这幅客厅效果图为例，观察图画左上方的吊顶处，会很明显地看到有一部分灰暗的多余阴影。下面就来介绍一下如何进行室内效果图的细部处理。

（1）单击Photoshop左侧工具箱的“画笔工具”按钮（箭头所指工具），然后将画笔“主直径”设为20px，将“不透明度”设为20%，如图5.37所示。

（2）单击Photoshop左侧工具箱的“吸管工具”按钮（箭头所指工具），吸取吊顶阴影附近出的颜色，如图5.38所示。

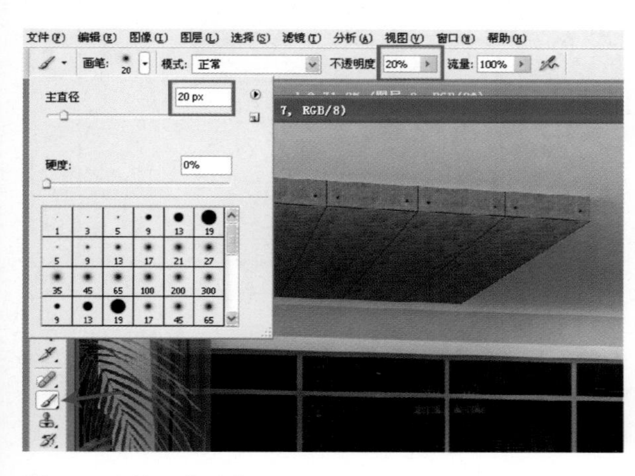


图5.37 画笔工具的使用

图5.38 吸管工具的使用

（3）选择“画笔工具”选项，对要修改的阴影处进行喷涂，直至其颜色达到理想状态，如图5.39所示。

图5.39 细部调整完成效果图

## 5.6 | 室内效果图的特殊处理制作

经过以上的操作，客厅效果图后期处理制作已经基本完成，但是如果能对其进行一些特殊效果的处理，可以让效果图更加完美、出效果。而对其特殊效果的处理主要通过Photoshop的滤镜功能来实现。下面就来介绍一下在室内效果图处理中比较常用的“锐化”滤镜的使用。

（1）执行“图层”|“合并可见图层”命令，如图5.40所示。将所有图层合并到一起。

（2）执行“滤镜”|“锐化”|“USM锐化”命令，如图5.41所示。

（3）在“USM锐化”对话框中，将数量设为100%，如图5.42所示。

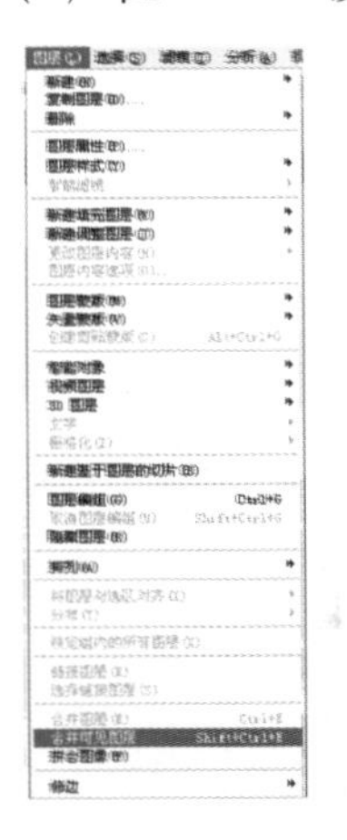

图5.40 图层的合并

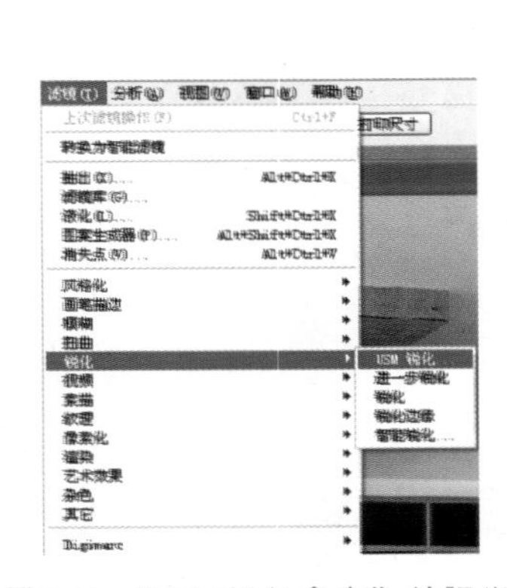

图5.41 “USM锐化命令”的调出

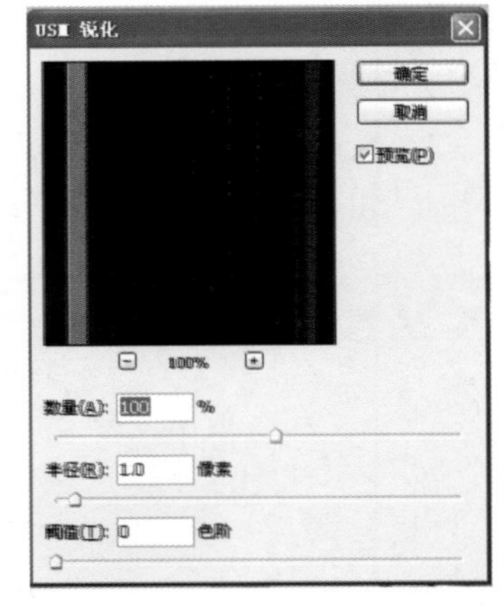

图5.42 “USM锐化”对话框

**【知识链接】**

“USM 锐化”通过增加图像边缘的对比度来锐化图像。“USM 锐化”不检测图像中的边缘。相反，它会按指定的阈值找到与周围像素不同的像素。然后，它将按指定的量增强邻近像素的对比度。因此，对于邻近像素，较亮的像素将变得更亮，而较暗的像素将变得更暗。可以指定每个像素相比较的区域半径。半径越大，边缘效果越明显。

至此，对客厅效果图的Photoshop后期处理与制作全部结束，其效果如图5.43所示。

图5.43 最终完成效果图

## 本 章 小 结

本章介绍了室内效果图后期处理制作基础理论以及科学正确的处理步骤及方法，并通过实例操作，讲述了Photoshop CS3在室内效果图后期处理中，由浅入深、由全面到局部的处理方法和相关技巧。

## 习　题

1．选择题

（1）在使用“移动工具”移动选区图像时，按住（　　）组合键可以实现自动对齐。

A．Ctrl　　B．Ctrl+ Alt　　C．Shift　　D．Alt

（2）使用“自由变换”命令时，按住（　　）组合键可以实现图像的等比缩放。

A．Shift　　B．Alt　　C．Ctrl　　D．Ctrl+ Alt

（3）“USM 锐化”的作用是（　　）。

A．调整色调　　B．改变对比度　　C．调整明度　　D．调整大小

2．简答题

（1）简要回答自由变换的使用方法。

（2）简述室内效果图的后期处理流程。

3．实训题

（1）实训目标：掌握在Photoshop中处理室内效果图的制作流程，并在这个过程中掌握“曲线”对话框、“自由变换”、“色彩平衡”对话框等工具的使用。

（2）实训要求：以一个完整的室内效果图制作任务为实训内容，上机操作完成，在实训过程中通过学生独立制作，同学间进行相互评价等环节来突出学生的主体作用，调动学生学习的积极性和主动性。由教师介绍该实训的意义、要求和注意事项，然后将实训课题布置给学生。学生依据Photoshop的基本操作知识，分析该实训项目所需的操作命令，上机操作按步骤进行制作。制作完成后将各人的成果展示出来，由制作人进行演示和解说，教师对实训过程中遇到的普遍性问题给予总结和说明，再进行改进。最后进行快速拓展练习。

# 第6章　建筑效果图日景制作

## 教学目标

Photoshop在建筑效果图后期处理中的主要应用之一是为3ds max制作的建筑模型添加天空、地面、汽车、人物、植物、飞鸟等配景，将需要的配景移动复制到建筑模型的渲染文件中，根据需要调整大小尺寸和色调，并注意配景与主体建筑的协调性，即配景的比例和透视关系要符合基本的透视规律，最后组合成一个完整的场景。建筑效果图在最终输出之前，一般都会经历这样的一个处理过程，在这个过程中主要使用图层面板、自由变换命令以及移动复制等功能，要能够熟练掌握在Photoshop中添加建筑配景的操作流程，并能够使效果图有一定的艺术效果。

## 教学要求

| 能力目标 | 知识要点 | 权重 |
| --- | --- | --- |
| 掌握图层面板的使用 | 图层面板组成、复制图层的方法、图层蒙版的应用 | 30% |
| 掌握自由变换的功能 | 功能组成、实现不同变换方式的组合键 | 30% |
| 掌握调整命令 | 调整的作用、亮度/对比度 | 20% |
| 掌握整体和谐，有一定的艺术感 | 构图、色彩搭配、比例等 | 20% |

引例

图6.1 建筑物和部分地面图

图6.2 建筑效果图

**建筑效果图在3ds max中一般只制作出建筑物和部分地面，或者只制作建筑物自身，由单一的建筑到与周边环境相融合，如果在3ds max中制作将是一件非常复杂的事情，而在Photoshop中使用各种环境素材来制作不仅省时省力，而且效果好。需要思考的问题是为建筑添加的环境素材如何与建筑相协调，形成一幅优美的建筑画（载于《鼎盛建筑画Ⅰ》，徐宝华主编，江西科学技术出版社，2004.07）。**

## 6.1 | 表现天空

在Photoshop中表现天空有两种方法：一是将通过数码相机、扫描仪等手段获得的天空素材，对其进行尺寸、比例和色调的调整后，应用到效果图中；二是在Photoshop中直接制作比较简洁的天空效果。

（1）用图片素材表现天空的方法如下。

① 建筑效果图的日景制作应该根据效果图的用途和建筑自身的特征（包括形体、比例、色调等）选择合适的天空背景。这就要求要掌握充足的素材库，平时可以使用数码相机将不同季节、不同时间的天空拍摄下来备用，也可以借用别人的图库。

② 由于开始并不能够确定哪一张天空背景会与建筑搭配起来协调，所以可同时选择多张自己感觉合适的图片，同时打开调用到建筑效果图中，如图6.3所示，通过反复的比较来确定最合适的一张，如图6.4所示。

图6.3 打开多张天空备选

图6.4 用“移动工具”将天空图像移动到效果图中

③ 调用的天空如果尺寸不合适可以利用“自由变换”命令进行调整。确定当前操作层为天空层，按Ctrl+T快捷键执行“自由变换”命令，按住Shift键的同时调整一个角的调节点向其对角线方向拖动，就可以实现等比例缩放图像，如图6.5所示。

图6.5 利用“自由变换”命令调整天空比例

④ 将所有调用的天空形状比例调整好后，分别查看不同天空的效果，如图6.6所示，选择最适合当前建筑的天空配景。不同的天空配景对整个效果图的影响是很大的。

图6.6 不同天空的效果

(2) 在Photoshop中制作天空效果的方法如下。

① 没有云彩的天空可以使用“渐变工具”按钮，在拾色器中选择天蓝色的“前景色”和白色的“背景色”，如图6.7所示。在“建筑”层下创建新的图层并且将其命名为“天空2”，如图6.8所示，单击并且拖动鼠标，填充出有色彩变化的天空，如图6.9所示，这种颜色的渐变能够在效果图上形成纵深感。最终填充效果如图6.10所示。

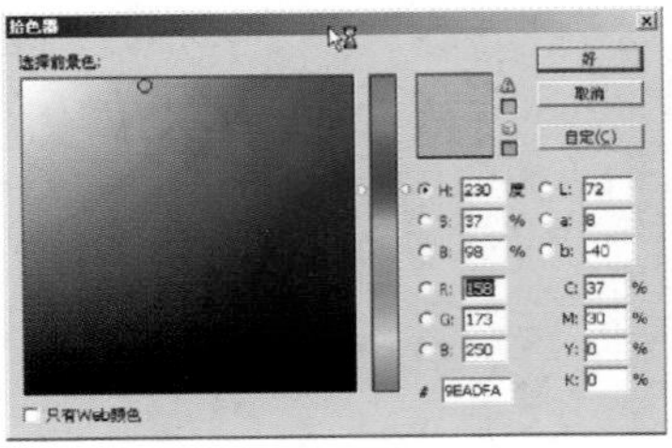

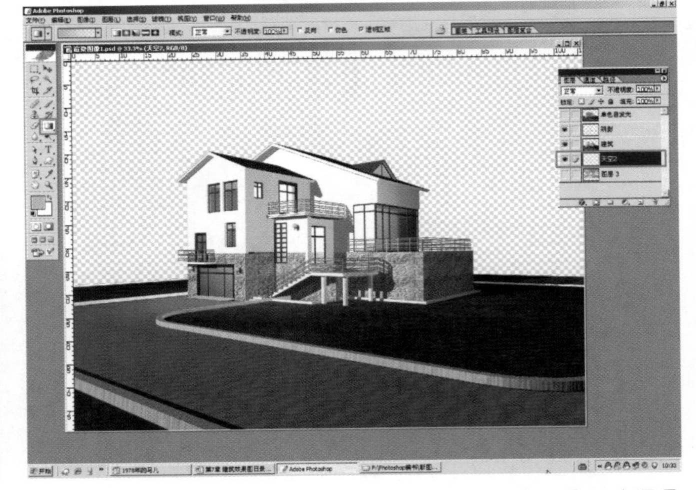

图6.7 使用拾色器设置“前景色”

图6.8 选择渐变工具新建图层

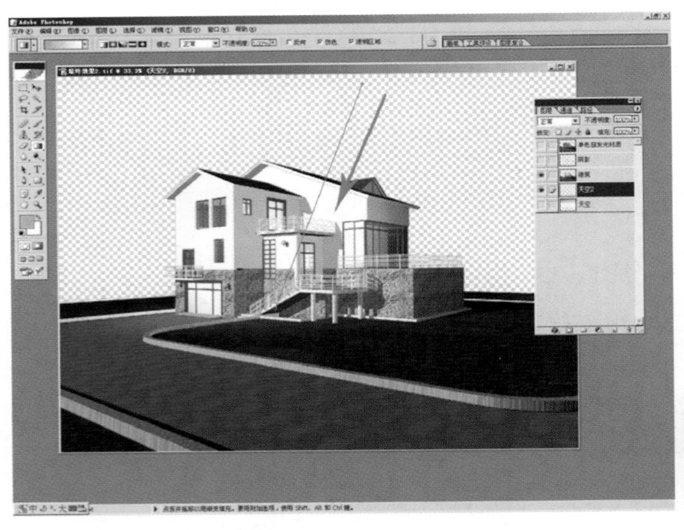

图6.9 拖动鼠标进行填充

图6.10 渐变填充效果

也可以在新建图层后，设置“前景色”为天蓝色，执行“编辑”|“填充”命令或者按Alt+Delete快捷键将“前景色”填充到新建图层上，如图6.11所示。

② 将“前景色”设置为白色，选择“渐变工具”选项按钮，在工具选项栏中选择“前景到透明”的渐变类型，如图6.12所示。在“天空3”图层的上方新建一个图层，由下往上拖动鼠标填充渐变色，为天空增加雾效，如图6.13所示。最终填充效果如图6.14所示。

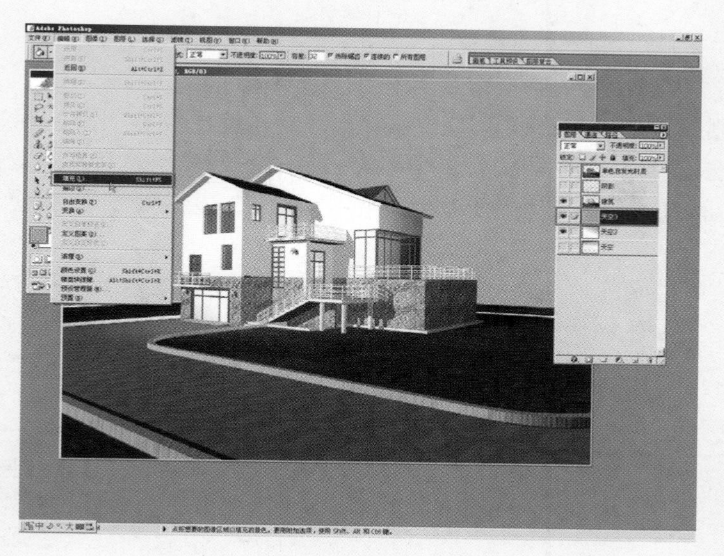

图6.11 “填充”命令

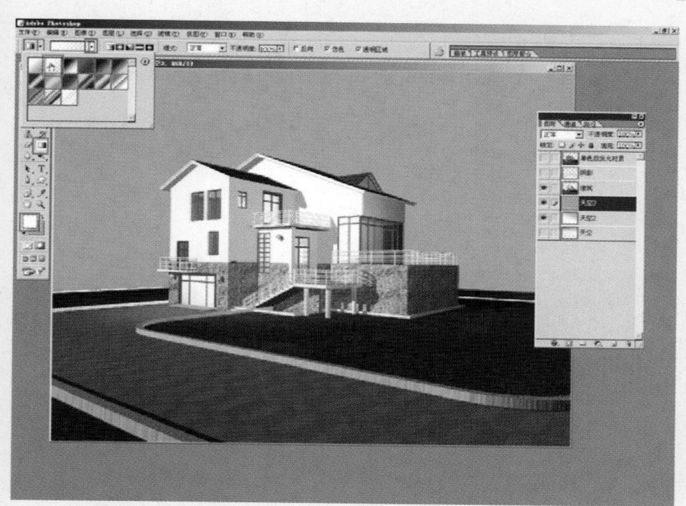

图6.12 设置渐变填充

图6.13 渐变填充

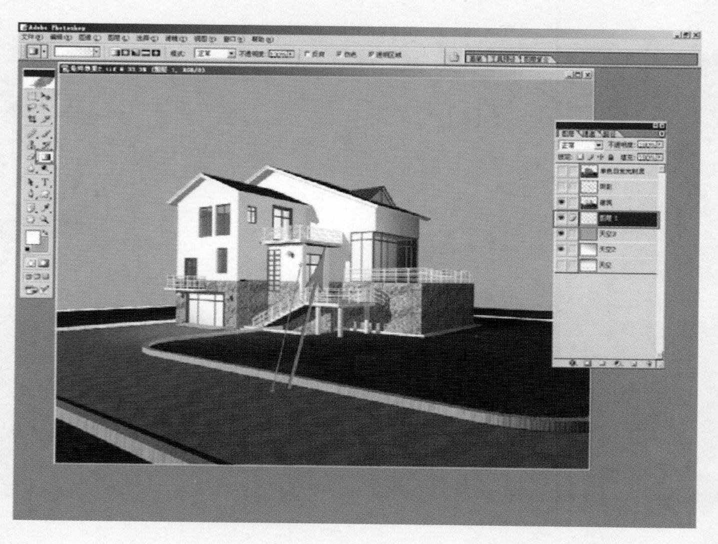

图6.14 渐变填充的效果

## 6.2 | 表现远景

远景包括山、远景树和建筑等。如果所处理的建筑已经有明确的用途和地点，那么利用实地拍摄的背景进行后期合成是最贴合实际的做法，但是考虑到效果图的艺术效果、甲方要求以及受时间、气候等诸多因素的影响，大多数情况下都会使用一些其他地方的配景图片。

由于本例是别墅项目，一般来说构图不会太大，所以以建筑的用途和自身的特征作为后期合成的主要依据。

（1）打开远景树素材，用“移动工具”将其移动复制到效果图中，如图6.15所示。

图6.15 移动复制树木

（2）将树木所在的图层移动到建筑层的下方，如图6.16所示，并利用“自由变换”命令（Ctrl+T）调整树木的大小，如图6.17所示，使其能够适合建筑背景的空间。

图6.16 通过图层控制图像的前后关系

图6.17 调整大小

（3）远景树上还存在一些缺陷，如图6.18所示，树木的上方有一条不太明显的线需用“橡皮擦工具”擦掉，如图6.19所示。

图6.18 配景上存在的问题

图6.19 用“橡皮擦工具“擦掉树木上方的线条

（4）远景树的地面太亮，需要对它进行修饰和调整。将“前景色”设置为黑色，选择“渐变工具”选项按钮，在工具选项栏中选择“前景到透明”的渐变类型。在“远景树”的上方新建一个图层，由下往上拖动鼠标填充渐变色，使配景地面变暗，如图6.20所示。

图6.20 填充调整地面的渐变色

## 6.3 | 表现中景

中景主要是渲染建筑周围的建筑物、树木、灌木和人物组成的。选择合适的色彩、形状和位置对中景的表现和整体图像的氛围是非常重要的。中景还可以用来遮挡图像中有缺陷的地方。具体操作过程如下。

（1）将“灌木1”移动到效果图中，如图6.21所示，根据需要执行“自由变换”命令（Ctrl+T）调整大小，放到建筑物右下侧的位置。

图6.21 添加灌木

（2）中景的灌木需要根据建筑的光照方向为其制作阴影。参考图6.22首先将“灌木1”层复制，如图6.23所示，然后执行“图像”|“调整”|“亮度/对比度”命令，在对话框中将“亮度”和“对比度”的值都调整为−100，如图6.24所示。此时阴影层成为了一个剪影，它就是阴影的雏形。

图6.22 现实参考图片

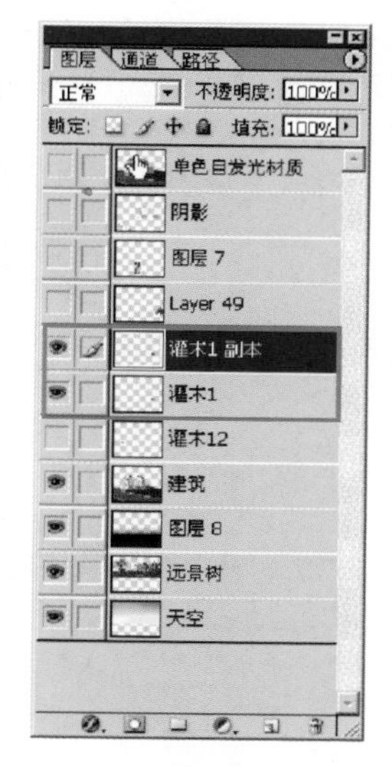


图6.23 “灌木1”层复制

**提示：制作阴影一般是将原图像复制后再变形，使其产生铺在地上感觉，最后去掉颜色并将边缘虚化处理。**

（3）执行“编辑”|“变换”|“扭曲”命令，通过对调节框上的节点的调整，使阴影按光线照射的方向产生变形，如图6.25所示。然后在“图层”面板上将“灌木1副本”层移动到“灌木1”层的下方，如图6.26所示。这样就感觉阴影处在图像的下方了。

图6.24 调整“亮度/对比度”

图6.25 将阴影扭曲变形

图6.26 交换图层位置

（4）选择“灌木1副本”为当前操作层，执行“滤镜”|“模糊”|“高斯模糊”命令，如图6.27所示，将阴影的边缘虚化处理，如图6.28所示。

图6.27 “高斯模糊”命令

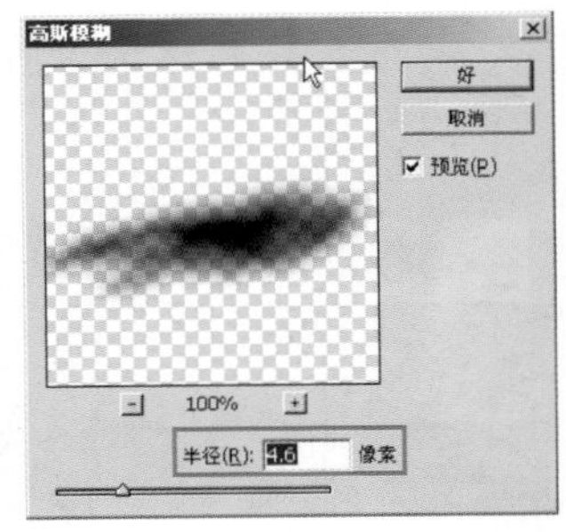

图6.28 “高斯模糊”对话框

（5）将“灌木1”层和“灌木1副本”层合并为“灌木1”层，如图6.29和图6.30所示。

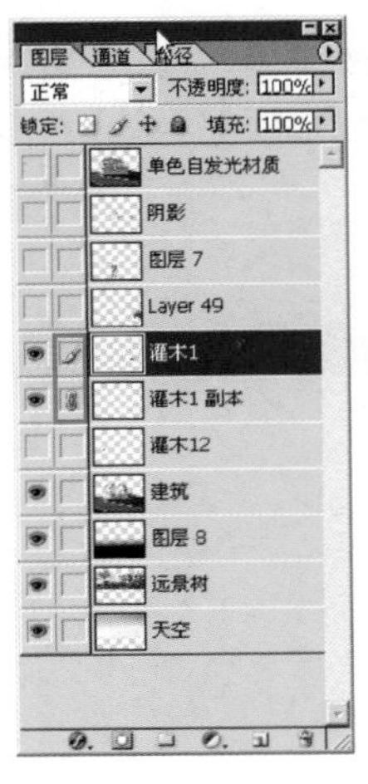


图6.29 两层链接

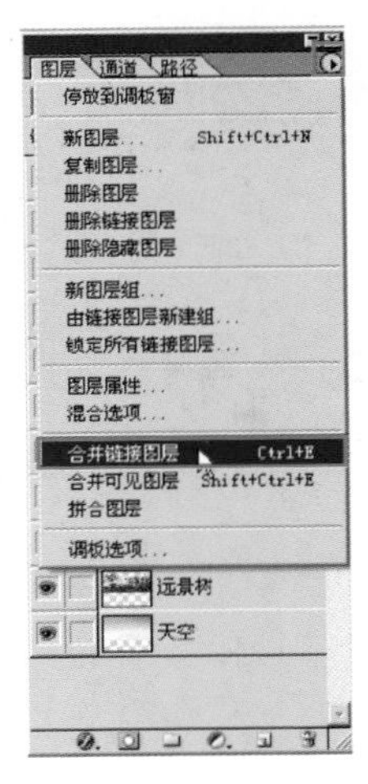


图6.30 合并链接图层

（6）将“灌木1”层在效果图中分布，如图6.31所示。

（7）调入“灌木2”层，以同样的方法对其进行处理，效果如图6.32所示。

图6.31 分布“灌木1”层

图6.32 分布“灌木2”层

（8）调入人物如图6.33所示，并制作其阴影，如图6.34所示。注意调整人物与建筑的比例。

图6.33 调入人物

图6.34 制作人物的阴影

（9）调入路灯，如图6.35所示。

图6.35 调入路灯

## 6.4 | 表现玻璃

玻璃的两个基本特征是透明的和能够反射周围的物体。参考图6.36所示，透过玻璃能够看到建筑的内部结构和玻璃反射的对面的景物。在表现玻璃时应该同时表现玻璃的透明度和反射度。

提示：**如果表现分隔比较多的玻璃效果，还要注意玻璃反射的物体会呈现一种波浪形的扭曲现象，如图6.37所示。**

图6.36 现实参考图片

图6.37 玻璃反射物体的波浪形扭曲现象

（1）由于玻璃在3ds max中已经被赋予了透明的特性，在Photoshop中表现时，只需要表现出其反射的特性即可。调入一张与建筑周围景象相匹配的图像，如图6.38所示，调整大小，将其覆盖在建筑有玻璃的区域上。为了更好地说明这个问题，本例中使用了与建筑背景树相同的图片。

图6.38 调入玻璃的反射图像

（2）反射图像只会出现在建筑有玻璃的区域，下一步的任务就是将玻璃以外区域的反射图像清理掉。

渲染效果图中玻璃区域的表面变化比较复杂，又被窗棂分割成了很多块，常规的选择方式很难将其选中，这时前面渲染的单色自发光材质文件在这里就发挥作用了。首先显示出“单色自发光材质”图层，如图6.39所示。

图6.39 显示出“单色自发光材质”图层

（3）可以看到在这一层上玻璃区域只是一片单纯的绿色，这样使用“魔棒工具”就能够很容易将其选中。

选择“魔棒工具”选项，在其工具选项栏中取消选中“连续”复选框，然后在绿色范围上单击选择玻璃区域，如图6.40所示。

图6.40 选择玻璃区域

（4）隐藏“单色自发光材质”图层，将当前操作层转换为“玻璃反射”，如图6.41所示。然后执行“选择”|“反选”命令，将玻璃以外的区域选中，如图6.42所示，按Delete键，将多余的反射图像删掉，如图6.43所示。

图6.41 切换图层

图6.42 “反选”命令

图6.43 删除多余图像

（5）反射图像要与建筑玻璃区域融合起来，而不是将其取代。降低“反射图像”层的“不透明度”可以得到这种效果。按Ctrl+D键取消选择，调整“图层”面板右上角的“不透明度”的百分比，如图6.44所示。

图6.44 调整“不透明度”

## 6.5 | 表现近景

近景是图像中离视点最近的景物，包括近处的树木、道路、人行道、路边的公共设施等。本例以表现道路为主，为其增加树木的投影以表现光影变化。避免道路过于单调，用来加工投影的树型宜选择稀叶植物。以图6.45为例，具体过程如下。

图6.45 现实参考图片

（1）打开素材文件，如图6.46所示。

图6.46 打开素材文件

（2）本素材带有蓝色的背景色，在使用时要将植物从背景色中选择出来。在选择物体时，要分析是选择物体容易还是选择背景容易，如果背景方便选择，就可以先把背景选中，然后执行“反选”命令选中物体。

使用“魔棒工具”在背景色上单击鼠标右键，在弹出的快捷菜单中执行“色彩范围”命令，如图6.47所示。

图6.47 魔棒工具的色彩范围选择

（3）在弹出的“色彩范围”对话框中单击“吸管工具”按钮，如图6.48所示，然后将其移动到素材图像的背景色上单击鼠标左键，在“选择范围”预览框中，背景色会显示为白色，显示为白色的范围是将要被选中的区域，如图6.49所示。

图6.48 “色彩范围”对话框

图6.49 预览框的变化

（4）初始设置可能会不足以将背景色全部选中，可以将“颜色容差”的数值调大，如图6.50所示，直到在预览框中背景色全部变成白色为止。

（5）当背景色处于被选中的状态，如图6.51所示。执行“选择”|“反选”命令，如图6.52所示，观察到树木处于被选中的状态，如图6.53所示。

图6.50 “颜色容差”的调整

图6.51 背景色被选中的状态

图6.52 “反选”命令

（6）使用“移动工具”将选中的树木移动复制到效果图中，如图6.54所示。

图6.53 树木被选中的状态

图6.54 移动复制树木到效果图中

（7）将树木图像修改为剪影效果，如图6.55和图6.56所示。

图6.55 “亮度/对比度”命令

图6.56 “亮度/对比度”的调整

（8）执行“自由变换”命令（Ctrl+T）将树木的剪影效果进行变形，如图6.57和图6.58所示。图6.59为用“移动工具”调整位置，使其产生平铺在地面的效果。

提示：**自由变换命令和变换命令的功能类似，变换是将自由变换的功能进行分解的结果，也就是说使用自由变换也可以实现变换里面的大部分功能，但是需要配合组合键来使用。本例中阴影的制作应该用变换中的扭曲功能，用自由变换来做时需要按住Ctrl键的同时拖动一个角的调节点方能扭曲图像，否则图像还是整体缩放。**

图6.57 自由变换的调整框

图6.58 图像变形的结果

图6.59 用“移动工具”调整位置

（9）降低路面投影的“不透明度”，如图6.60所示，使其与地面相融合。

（10）为地面投影添加图层蒙版，如图6.61所示。使其略微产生近实远虚的退晕效果。

提示：**使用渐变填充工具在蒙版中填充从白色至黑色的渐变色，可以使图像产生退晕变化，蒙版中的黑色代表的是图像中的不透明，对图像起遮挡的作用；白色代表的是图像中的透明，可以使图像显示；中间的渐变色根据灰度级不同，对图像起作用的程度是逐渐变化的。添加蒙版后在该图层的上出现两个缩略图，左侧的是图像的缩略图，右侧的是蒙版的缩略图，只有在蒙版上操作才能得到预期的效果。**

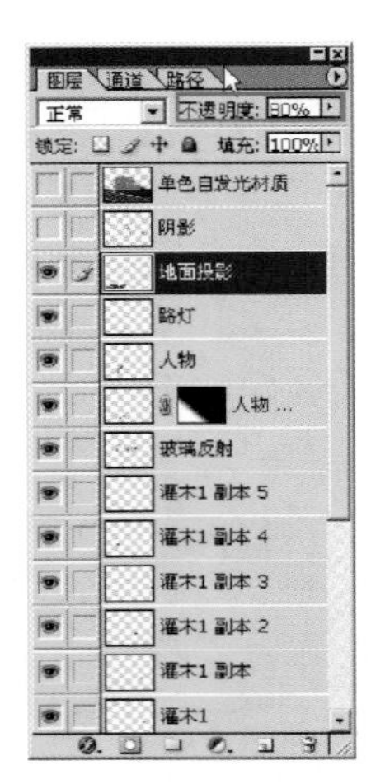

图6.60 调整“不透明度”　　图6.61 单击按钮添加蒙版

(11) 选择“渐变填充工具”选项按钮，在工具选项栏中选择浅变模式为由白色到黑色的“线性渐变”，并且是在蒙版上操作，如图6.62所示，就可以在图像文件上自左下到右上的方向拖动鼠标为蒙版填充由白到黑的渐变色，如图6.63所示。

图6.62 蒙版效果

图6.63 填充的方向

# 6.6 | 修饰调整

（1）通过放大图像可以看到墙体上有一处明显的缺陷，如图6.64所示，在这一步要将它修改掉。

6.64 墙体的缺陷

（2）确定当前操作层为“建筑”，使用“多边形套索工具”在缺陷处制作一个形状与之相同的选区，如图6.65所示。

图6.65 制作选区

（3）使用“多边形套索工具”，确定其工具选项栏为“新选区”的状态，将制作的选区移动到同一色调、明度接近的区域，如图6.66所示。

图6.66 移动选区

（4）切换到“移动工具”，按住Alt键，将选中的墙体移动复制到缺陷处将其覆盖，如图6.67所示。

图6.67 移动复制

（5）选择“加深工具”选项按钮，将其“曝光度”调整为30%，在“建筑”层过亮的路沿处拖动，降低其亮度，如图6.68所示。最终效果图如图6.69所示。

图6.68 使用加深工具调整

图6.69 最终效果

## 本章小结

建筑效果图的日景制作属于数码图像合成的范畴，因此特别注重图层知识的掌握以及自由变换和调整命令的使用，这些都需要长时间运用才能够熟练掌握。此外制作时需要注意从整体到局部的顺序，即先添加天空、地面等面积较大、对效果图的风格影响较明显的配景，后添加植物、人物等面积小的配景。

## 习　题

1．选择题

（1）执行“自由变换”命令时，按住（　　）组合键可以单独控制某一调节点，实现将图像扭曲的功能。

A．Shift　　B．Alt　　C．Ctrl　　D．Ctrl+ Alt

（2）在使用“移动工具”移动图像时，按住（　　）组合键可以实现移动复制。

A．Ctrl　　B．Ctrl+ Alt　　C．Shift　　D．Alt

（3）在图层蒙版上填充黑色对该图层的图像起（　　）的作用。

A．调整色调　　B．遮挡　　C．调整明度　　D．改变对比度

（4）进行调整图像明度的操作时，不可以使用下列哪种方法？（　　）

A．执行“调整”|“亮度/对比度”命令

B．使用加深、减淡工具

C．在该层上方创建调整图层

D．执行“调整”|“色彩平衡”命令

（5）将图像阴影的边缘进行虚化处理时，下列哪种方式不可行？（　　）

A．使用“高斯模糊”滤镜

B．使用“橡皮擦工具”，降低其流量进行边缘擦除

C．使用“涂抹工具”涂抹边缘

D．将阴影选中，设置选区“羽化”，反选后按Delete键删除

2．简答题

（1）简要回答复制图像的方法。

（2）在建筑效果图的后期处理中，添加配景时应该注意哪些事项？

3．实训题

（1）实训目标：掌握在Photoshop中添加建筑效果图配景的操作流程，并在这个过程中掌握图层面板的使用和自由变换命令的功能。

（2）实训要求：以一个完整的建筑效果图日景制作任务为实训内容，上机操作完成，在实训过程中通过学生独立制作，同学间进行相互评价等环节来突出学生的主体作用，调动学生学习的积极性和主动性。由教师介绍该实训的意义、要求和注意事项，然后将实训课题布置给学生。学生依据Photoshop的基本操作知识，分析该实训项目所需的操作命令，上机操作按步骤进行制作。制作完成后将各人的成果展示出来，由制作人进行演示和解说，教师对实训过程中遇到的普遍性问题给予总结和说明，再进行改进。最后进行快速拓展。

# 第7章 建筑效果图夜景制作

## 教学目标

不论在渲染的时候做多少调整，出来的图像也要在Photoshop中进行后期处理，这可以帮助用户修整渲染时不理想的地方并且增加艺术效果。效果图的夜景制作可以分为在3ds max中设置夜晚照明并在Photoshop中进行后期处理的方法和直接在Photoshop中将日景效果图制作为夜景的方法，在此只介绍后者，无论从效率还是从效果来看，后者都占明显的优势。通过制作建筑效果图的夜景效果，掌握在Photoshop中制作建筑效果图夜景的原理和操作流程，并在这个过程中掌握光照效果滤镜、"亮度/对比度"调整命令和图层混合模式的作用。

## 教学要求

| 能力目标 | 知识要点 | 权重 |
|---|---|---|
| 掌握滤镜的使用 | 光照效果滤镜的功能、滤镜参数的设置 | 30% |
| 了解调整命令的功能 | 亮度/对比度、色彩平衡、色彩对比 | 40% |
| 掌握不同图层混合模式对图像的影响 | 图层混合模式：颜色减淡、叠加 | 30% |

引例

图7.1 建筑夜景效果图（引自《鼎盛建筑画Ⅰ》）

从《鼎盛建筑画Ⅰ》中的建筑夜景效果图（图7.1）中可以看出对建筑夜景效果图来讲，天空的色调和形态、窗子的亮度和通透性以及建筑与各种配景的亮度差是营造夜景氛围的重要因素，而黄色调的灯光照明能够给人“家”的温馨感。在本章的学习中，将着重从灯光、色调等方面解决在Photoshop中营造夜景氛围的方法。

制作建筑的夜景效果图并不在于要表现出建筑物的设计细节，而是对建筑物的夜间景观效果进行表现。虽然能够表现出炫目的效果而吸引人的视线，但对建筑物的透视、形态和材质表现不够明显，因此以这种方式制作出的效果图主要用于广告推广。

## 7.1 | 准备日景图像

（1）打开建筑效果图日景文件，如图7.2所示。并对日景建筑进行分析，明确其光源方向和建筑及其配景的特征，为下一步操作做好准备。

图7.2 打开日景文件

（2）为了便于分别控制，下面要将“建筑”层的建筑物和地面分离。这一步操作要借助于“单色自发光材质”层。

确定“单色自发光材质”层为当前操作层，选择“魔棒工具”选项，取消选中其工具选项栏中的“连续的”复选框，然后在图像上红色区域单击，将红色区域选中，如图7.3所示。

图7.3 选中红色区域

（3）将“魔棒工具”选项栏中的选择模式切换为“添加到选区”，然后在图像上绿色区域单击，将绿色区域选中并添加到前面制作的选区中，这样建筑就全部被选中了，如图7.4所示。

图7.4 加选绿色

（4）确定“建筑”层为当前操作层，如图7.5所示，先执行“编辑”|“剪切”命令（Ctrl+X），如图7.6和图7.7所示。然后执行“编辑”|“粘贴”命令（Ctrl+V），如图7.8所示，建筑物被分离到一个单独的图层上。对建筑和地面分别命名，如图7.9所示。在图层名称上双击鼠标就可以为该层重命名。

图7.5 切换图层

图7.6 执行"剪切"命令

图7.7 剪切后

图7.8 粘贴后

图7.9 重命名图层

（5）为了将日景效果转化为夜景效果，需将日景建筑图像调暗。确定当前操作层为“建筑”层，执行“滤镜”|“渲染”|“光照效果”命令，如图7.10所示，设置“强度”为14，“聚焦”为69，“光泽”为0，“材料”为69，“曝光度”为0，“环境”为6，“光照类型”为点光，“纹理通道”为无，如图7.11所示。光源色与环境色都设置为白色，光源点放置在预览框的左下方，光照范围为椭圆形并涵盖整个建筑。最终滤镜效果如图7.12所示。

图7.10 “光照效果”滤镜

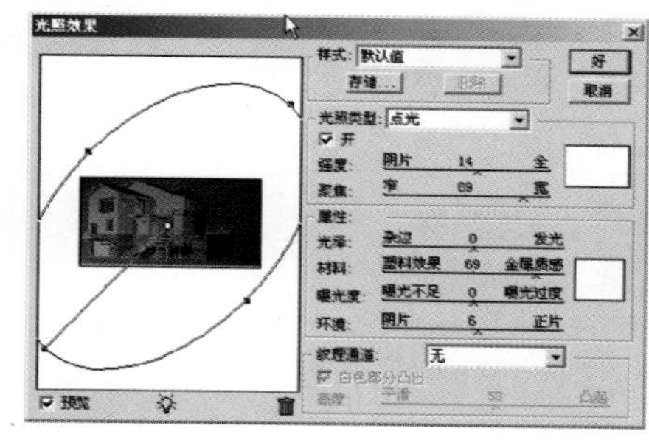


图7.11 “光照效果”滤镜的设置

图7.12 “光照效果”滤镜的效果

提示：**在Photoshop中把亮的图像调暗的方法除了使用光照效果滤镜之外，还可以使用图像菜单中的调整命令，如亮度/对比度，曲线，色阶等。这里使用光照效果滤镜的原因在于按Ctrl+F快捷键可以将其他的图层快速调暗。Ctrl+F快捷键是重复使用上一次设置的滤镜。**

（6）分别选择其他的图层，按Ctrl+F快捷键将其调暗，如图7.13所示。

图7.13 所有图层调暗

## 7.2 | 表现天空

夜景的天空可以通过选用合适的天空素材或使用“渐变填充工具”制作，选用或制作时要考虑图像的整体氛围。因为天空在配景中所占的面积较多，不同色彩和形态的天空对效果图的影响很大，要根据建筑的特征及效果图的用途来具体对待。时间的选择可以是傍晚、深夜或者凌晨，不必拘泥于某一特定的时刻，如图7.14和图7.15所示。

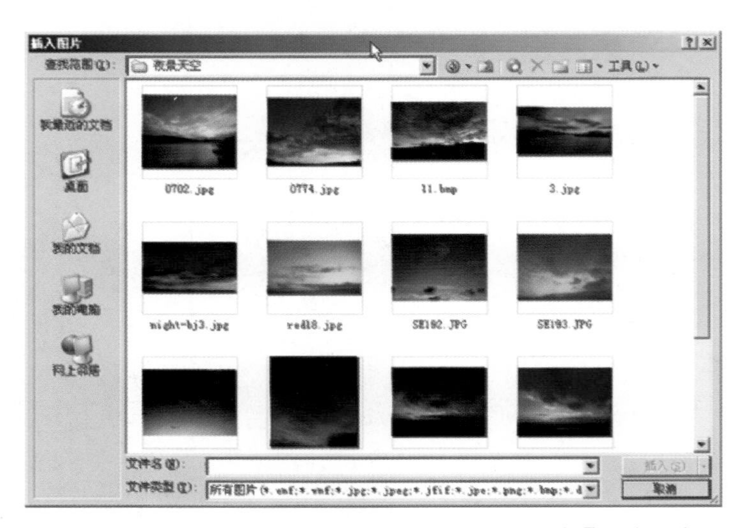


图7.14 可以制作夜景天空的素材

(a)效果1

(b)效果2

(c)效果3

(d)效果4

图7.15 几种不同的天空效果

考虑到住宅的特点，下面使用“渐变填充工具”来制作一个柔和的夜景天空。

（1）首先在原“天空”层的上方新建一个图层并且命名为“天空2”，如图7.16所示。

图7.16 新建图层

（2）选择“渐变填充工具”，如图7.17所示。隐藏原天空层如图7.18所示。打开“渐变编辑器”对话框，如图7.19所示，将其编辑为由深蓝到深赭的渐变色，如图7.20和图7.21所示，在新建的“天空2”图层上拖动填充，如图7.22所示。最终填充的效果如图7.23所示。

图7.17 选择“渐变填充工具”

图7.18 隐藏原天空层

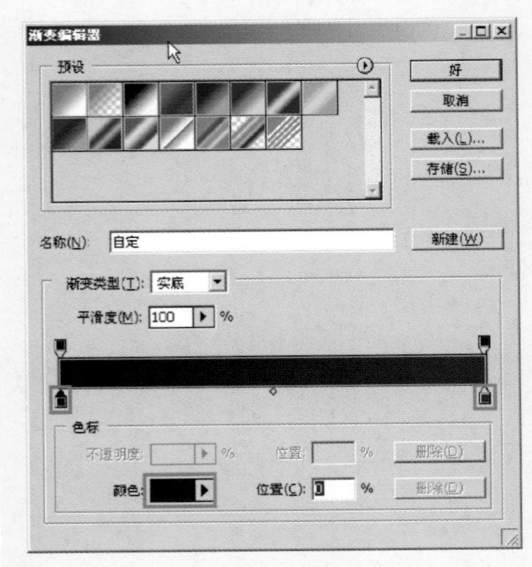


图7.19 “渐变编辑器”对话框

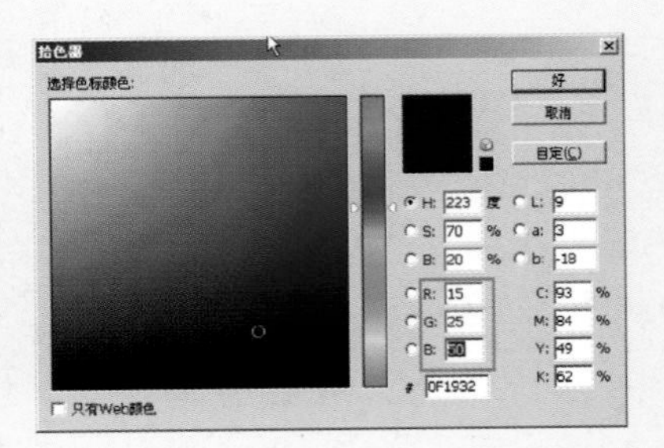


图7.20 设置深蓝色

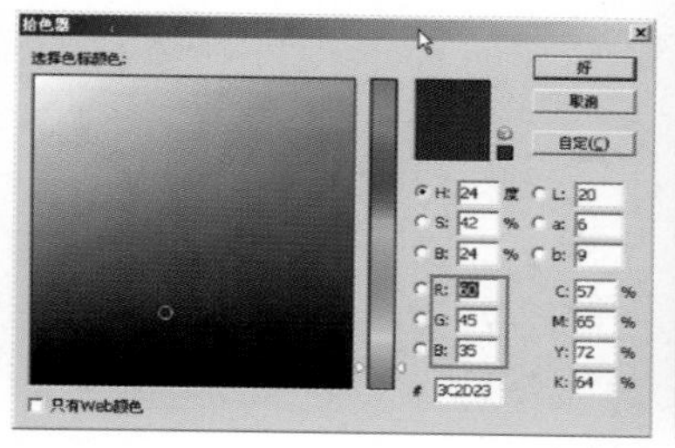

图7.21 设置深赭色

图7.22 填充的方向及位置

图7.23 填充的效果

## 7.3 | 表现远景

填充天空后，远景树显得亮度有点高，树的边缘与天空的对比度较大，相对于夜景来讲颜色也偏绿，下面对远景树进行调整。确定“远景树”为当前操作层，执行“图像”|“调整”|“亮度/对比度”命令，如图7.24所示，将“亮度”设置为–30，“对比度”设置为–28，如图7.25所示。最终调整的效果如图7.26所示。

图7.24 “亮度/对比度”命令

亮度/对比度
亮度(B): -30
对比度(C): -28
好
取消
预览(P)

图7.25 “亮度/对比度”对话框

图7.26 调整的结果

## 7.4 | 表现玻璃

由于夜间照明的需要，室内开灯后光线会通过窗子的玻璃溢出来，使玻璃变亮。从而使玻璃成为整个夜景效果图中最亮的区域，如图7.27所示。

图7.27 现实参考图片

（1）出于住宅的私密性考虑，在处理本例的玻璃时，要为其添加窗帘。打开一张窗帘素材，将其用“移动工具”调入效果图中，如图7.28所示。

图7.28 调入窗帘素材

（2）利用“自由变换”命令（Ctrl+T），将窗帘调整为与玻璃的形状基本一致，如图7.29所示。然后复制到所有的墙体玻璃上，如图7.30所示。

图7.29 调整窗帘的形状

图7.30 在墙体有玻璃的区域复制窗帘

（3）合并所有的窗帘图层，如图7.31所示，显示“单色自发光材质”图层，用“魔棒工具”将玻璃区域选中，如图7.32所示，然后执行“反选”命令，回到“窗帘”层，按Delete键将玻璃区域以外的窗帘删除，如图7.33所示。

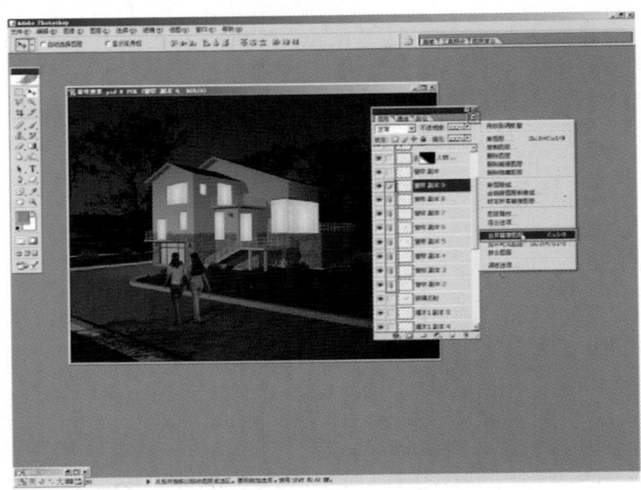

图7.31 合并窗帘图层

图7.32 显示并选择玻璃区域

图7.33 反选并删除

（4）只保留阁楼窗玻璃的选区，为其填充接近于窗帘的颜色，如图7.34所示。

图7.34 阁楼窗玻璃的颜色

（5）选择“加深工具”选项在窗帘上拖动鼠标，以区分开两个面的层次关系，同时改变窗帘过于单一的色调，如图7.35所示。

图7.35 窗帘色调的调整

（6）在窗帘的上方新建一个“窗帘的调整层”图层，按住Ctrl键用鼠标单击窗帘层的缩略图将窗帘区域选中，然后在“窗帘的调整层”上填充从浅灰色到透明的渐变色，使窗帘的颜色从下往上产生过度，模拟灯光的衰减，如图7.36所示。可以适当降低该层的不透明度。

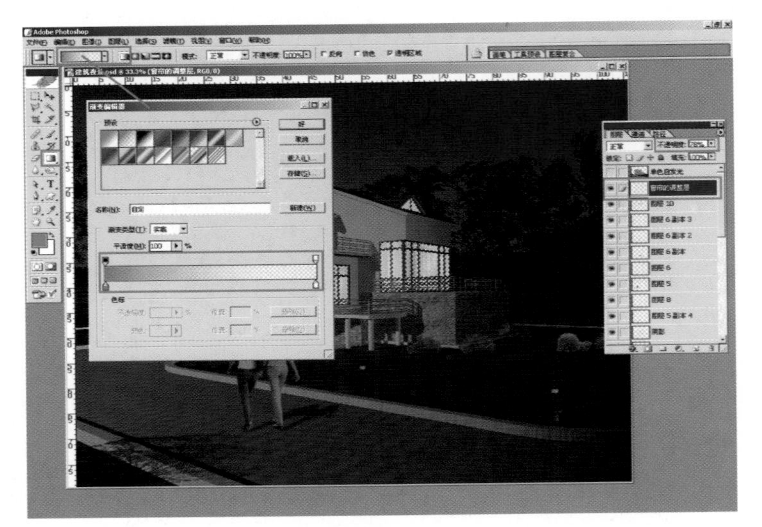

图7.36 窗帘的调整层

## 7.5 | 表现灯光

在墙面上有几盏壁灯，需要表现其照亮墙面的灯光效果，草地上的灯也要表现其照明。

（1）在“建筑”层的上方新建一个图层，将其命名为“灯光”，如图7.37所示。

图7.37 新建“灯光”层

（2）使用“多边形套索工具”在图像中壁灯的下方创建一个灯光形状的选区，选择灯光照亮的区域，如图7.38所示。

图7.38 创建选区

（3）执行“选择”|“羽化”命令，将“羽化半径”设置为10像素，将选区的边缘调整得柔和一些，如图7.39所示。

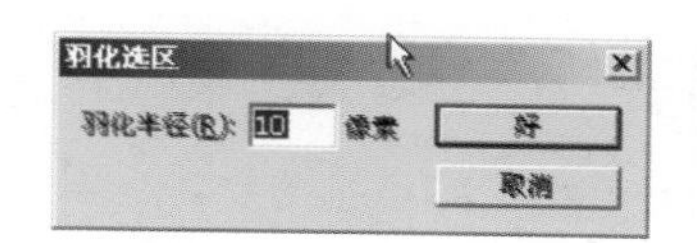


图7.39 调整羽化半径

（4）将“前景色”设置为明黄色，按Alt+Delete键将前景色填充到选区中，如图7.40所示。

（5）在“图层”面板中将图层的混合模式设置为“颜色减淡”，并适当降低填充值，如图7.41所示。

图7.40 填充选区

图7.41 选择“颜色减淡”混合模式

（6）为“灯光”层添加图层蒙版，如图7.42所示，在蒙版上用“渐变工具”填充由黑到白的渐变色，将灯光的下半部分进行遮挡，模拟灯光的衰减。

（7）按住Alt键使用“移动工具”将制作的灯光复制到其他的壁灯处，如图7.43所示，根据需要调整其大小。

图7.42 添加图层蒙版

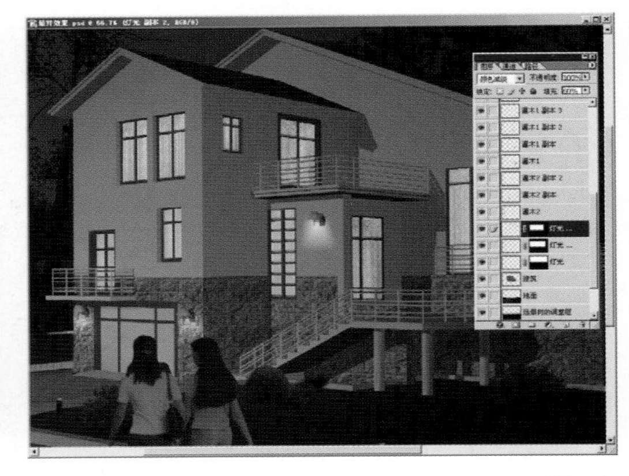

图7.43 复制灯光

（8）用同样的方法制作路灯灯光投射到草地的照明效果，如图7.44所示。灯光形状为椭圆形，图层的混合模式为“叠加”。

图7.44 制作路灯灯光

## 7.6 | 表现建筑

根据前面制作的灯光效果，执行“图像”|“调整”|“色彩平衡”命令将建筑调整为偏黄的色调，如图7.45所示。调整的结果如图7.46所示。

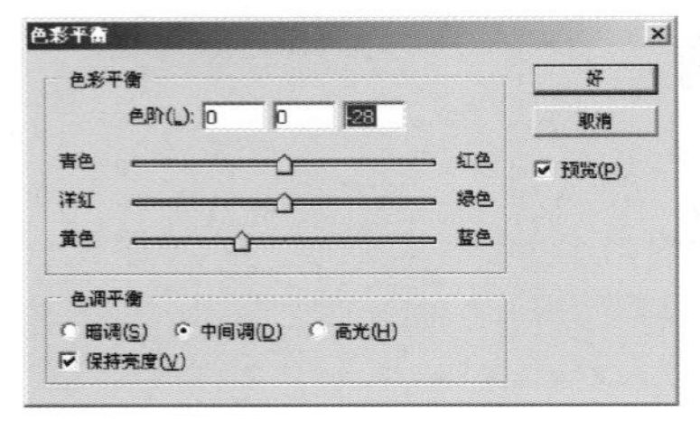


图7.45 色彩平衡的调整

图7.46 调整的结果

# 7.7 | 表现近景

执行“图像”|“调整”|“色彩平衡”命令增强地面黄色的感觉，如图7.47所示，强调灯光的影响。调整的结果如图7.48所示。

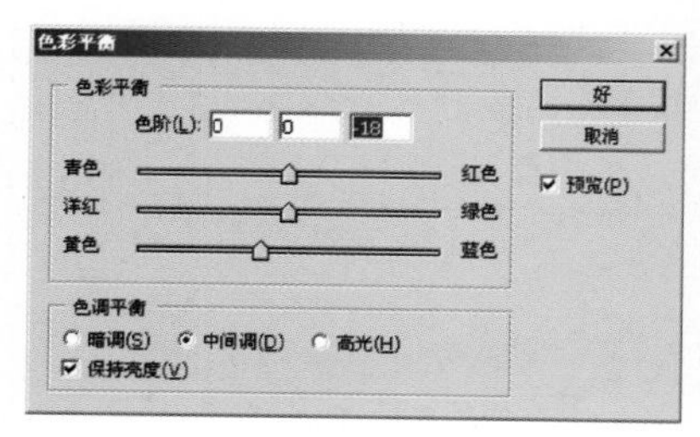


图7.47 色彩平衡的调整

图7.48 调整的结果

# 7.8 | 综合调整和装饰

（1）选择“天空”层，执行“图像”|“调整”|“色彩平衡”命令进行调整，如图7.49所示，降低天空和建筑以及地面的对比。调整的结果如图7.50所示。

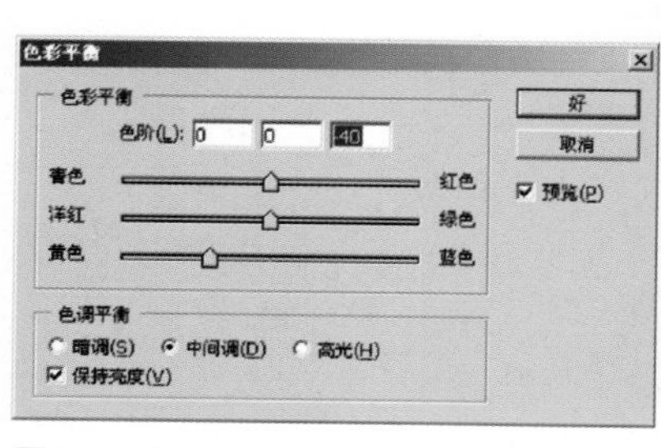


图7.49 色彩平衡的调整

图7.50 调整的结果

（2）添加路灯效果。将“路灯”层合并到“地面”层上，然后用“椭圆形选框工具”，按住Shift键在路灯的上方拖动鼠标创建正圆形选区，如图7.51所示。

图7.51 合并图层后创建正圆形选区

（3）执行“滤镜”|“渲染”|“镜头光晕”命令，如图7.52所示。调整好“镜头类型”和“亮度”，如图7.53所示，单击“好”按钮。

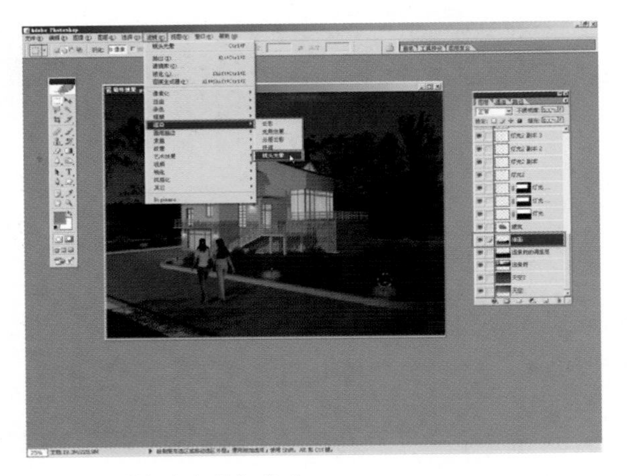

图7.52 “镜头光晕”命令

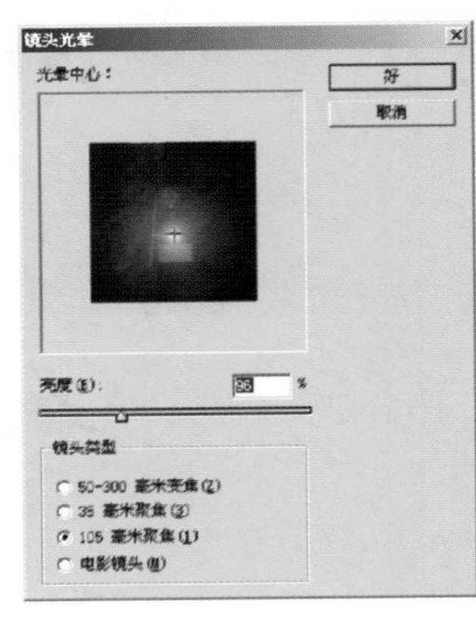


图7.53 “镜头光晕”的调整

（4）移动选区到其他的路灯处。执行“选择”|“变换选区”命令将其调小，如图7.54所示。

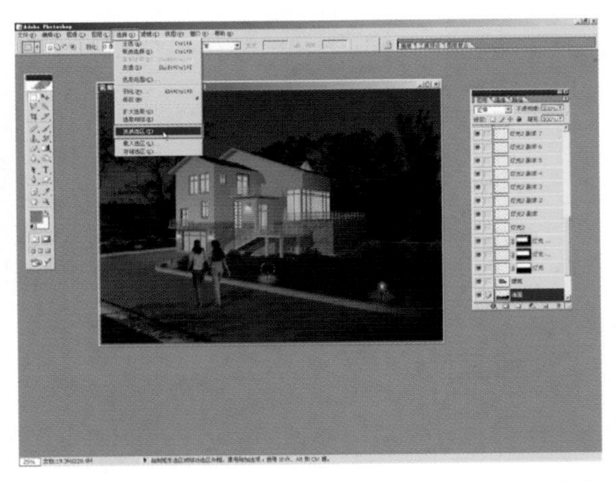

图7.54 “变换选区”命令

**提示：这里移动的是选区而不是图像，因此应该使用选择工具（如选框工具、套索工具或者魔棒工具等）进行移动选区的操作，而不能使用移动工具。**

（5）按Ctrl+F快捷键，在选区内使用同样设置的镜头光晕滤镜。然后用同样的方法依次制作路灯的灯光，如图7.55所示。

图7.55 重复使用镜头光晕

**【知识链接】**

新建一个图层，将图层融合模式转为颜色减淡，前景色设置为淡黄色，选择画笔工具，在其工具选项栏为其选择合适的画笔直径和笔尖形状，降低不透明度，然后在图像中路灯光源处单击，也可以制作这种路灯光源的效果。

（6）在“天空”层的上方新建一个图层，使用“椭圆形选框工具”，按住Shift键在图像上拖动鼠标创建一个正圆形选区。将“前景色”设置为一种深蓝色，按Alt+Delete快捷键将前景色填充到选区中，如图7.56所示。

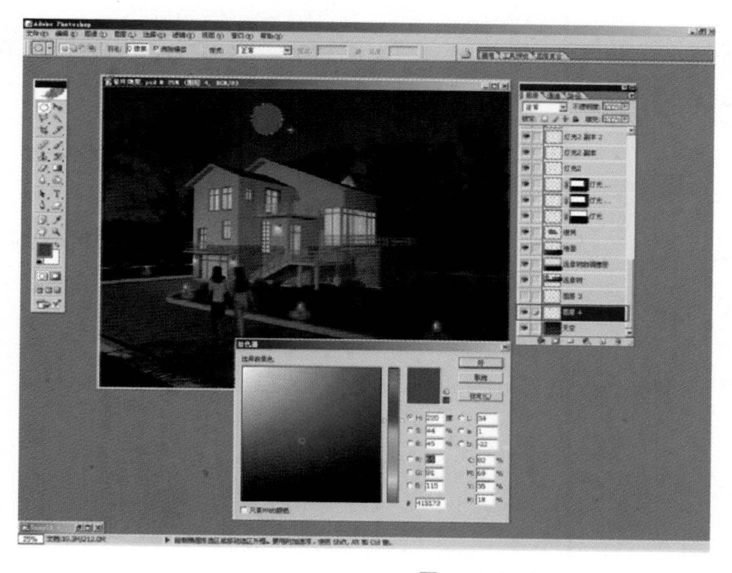

图7.56 创建选区，填充颜色

(7) 将选区移动，如图7.57所示。然后按Delete键将选区内的部分删除，如图7.58所示。

图7.57 移动选区

图7.58 删除选区

(8) 按住Ctrl键并单击该层的缩略图，将图像选中，然后执行“选择”|“羽化”命令，将“羽化半径”设置为10像素，如图7.59所示。

(9) 执行“选择”|“反选”命令，然后连续按Delete键两次，使图像的边缘变虚。最后调整图像的位置。最终效果如图7.60所示。

图7.59 选择并羽化

图7.60 最终效果图

## 本章小结

使用Photoshop制作建筑夜景效果图，虽然不像3ds max那样可以得到精确照明计算的实体效果，但它的效率比较高。先使用光照效果滤镜将各部分图像快速变暗，然后对个部分图像进行了精确的调整，综合运用了图层的管理、选择的技巧以及滤镜效果，快速将一幅日景效果图转变成了夜景效果图。

## 习　题

1．选择题

(1) 在Photoshop中用颜色制作灯光时，该层的图层混合模式应该选择（　　）。

A．强光　　B．颜色减淡　　C．亮光　　D．亮度

（2）要想移动制作好的选区，不能使用（　　）。

A．移动工具　　B．魔棒工具　　C．选框工具　　D．套索工具

（3）调整图像亮度可用的命令有很多，下列哪个不属于该范畴？（　　）

A．色阶　　B．曲线　　C．色彩平衡　　D．亮度/对比度

（4）下列（　　）命令的功能不是主要用来调整图像色调的。

A．色彩平衡　　B．色相/饱和度　　C．自动颜色　　D．阈值

（5）使用“椭圆形选框工具”创建正圆形的选区时应该按（　　）键。

A．Ctrl　　B．Alt　　C．Shift　　D．Ctrl +Shift

2．简答题

（1）根据案例中的应用，总结光照效果滤镜的作用。

（2）对选区设置羽化值对选区有什么影响?

3．实训题

（1）实训目标：掌握在Photoshop中将日景建筑效果图转换为夜景建筑效果图的操作流程，并在这个过程中掌握光照效果滤镜、色彩平衡调整命令和图层混合模式的功能。

（2）实训要求：以一个完整的建筑效果图夜景制作任务为实训内容，上机操作完成，在实训过程中通过学生独立制作，同学间进行相互评价等环节来突出学生的主体作用，调动学生学习的积极性和主动性。由教师介绍该实训的意义、要求和注意事项，然后将实训课题布置给学生。学生依据Photoshop的基本操作知识，分析该实训项目所需的操作命令，上机操作按步骤进行制作。制作完成后将各人的成果展示出来，由制作人进行演示和解说，教师对实训过程中遇到的普遍性问题给予总结和说明，再进行改进。最后进行快速拓展练习。

# 第8章　建筑效果图雪景的制作

## 教学目标

通过实例操作，了解制作雪景的步骤和各种方法，掌握应用各种方法来制作雪景的能力。

## 教学要求

| 能力目标 | 知识要点 | 权重 |
| --- | --- | --- |
| 了解通道的应用 | 运用通道命令制作雪景 | 35% |
| 掌握图层蒙版的应用 | 运用图层蒙版制作雪景 | 35% |
| 掌握雪景的制作方法 | 运用滤镜进行设置操作 | 30% |

**引例**

**东北某建筑外观设计工程的招标文件中标明，该项目为一个景点的建筑，常年雪花纷飞，主要是吸引全国各地来看雪景的游客。开发商招标文件中明确规定效果图要使用雪景，能让游客一目了然。一张效果图可根据客户的要求制作成日景、夜景、雪景、水景等多种不同的艺术形式。思考可以用哪些方法来达到雪景的效果？**

## 8.1 应用通道制作雪景

（1）用Photoshop打开要做雪景的照片，如图8.1所示。

（2）打开“通道”面板，选择一个渐变比较柔和清晰的通道（一般绿色通道比较合适），复制此通道，生成“绿副本”，如图8.2所示。

图8.1 素材原图

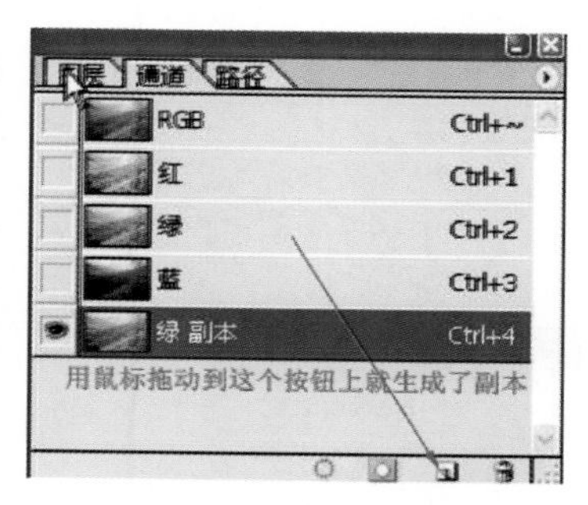


图8.2 复制通道

（3）对“绿副本”执行“滤镜”|“艺术效果”|“胶片颗粒”命令，根据想要多大的雪，调整参数，如图8.3所示。

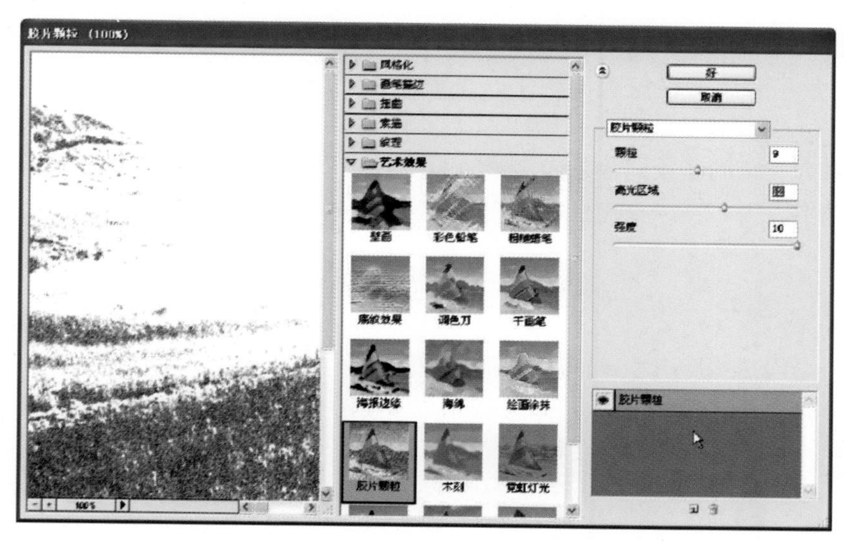


图8.3 “胶片颗粒”对话框

（4）回到“图层”面板，新建“图层1”，执行“选择”|“载入选区”命令，通道选“绿副本”，如图8.4所示。

图8.4 “载入选区”对话框

（5）按D键，将“前景色”与“背景色”设置为默认的颜色，按Alt+退格键，填充白色，然后取消选区，查看雪的效果。

（6）这时候总感觉雪很假，没有厚度，给它调整厚度，在“图层”面板上单击“添加图层样式”按钮，如图8.5和图8.6所示。

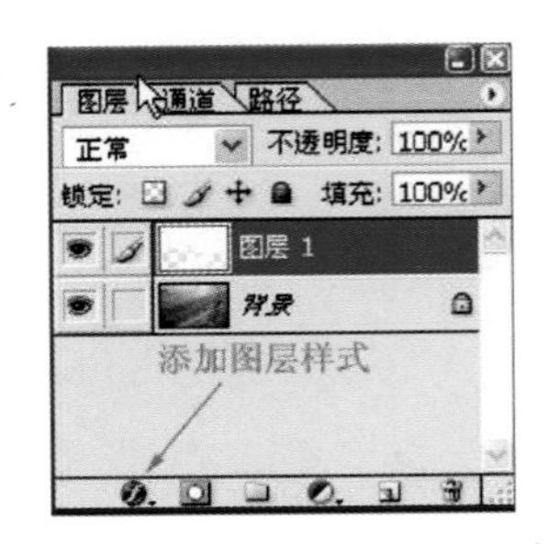


图8.5 “添加图层样式”按钮

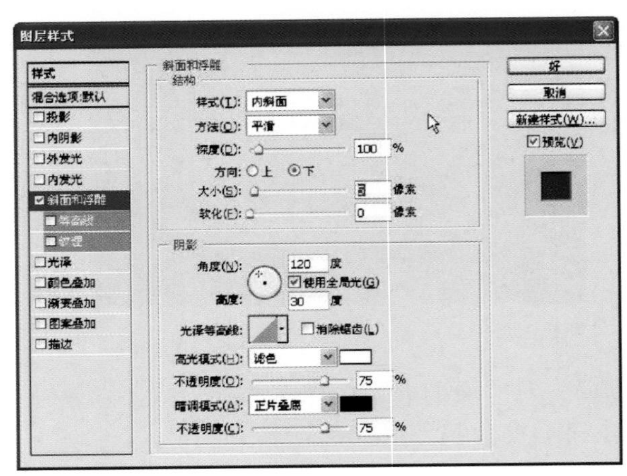


图8.6 “图层样式”对话框

（7）合并图层，根据画面效果，再调整一下色彩亮度、对比度等。最终效果如图8.7所示。

如果对有人物的风景照片加入雪景，只要在完成上述步骤后，用历史画笔涂抹一下人物就可以了。

图8.7 最终效果

## 8.2 | 应用图层蒙版制作雪景

（1）打开原图，如图8.8所示。

（2）使用“色阶”命令将图像的明度提高，并使树木的绿色更加明显，如图8.9所示。

图8.8 素材原图

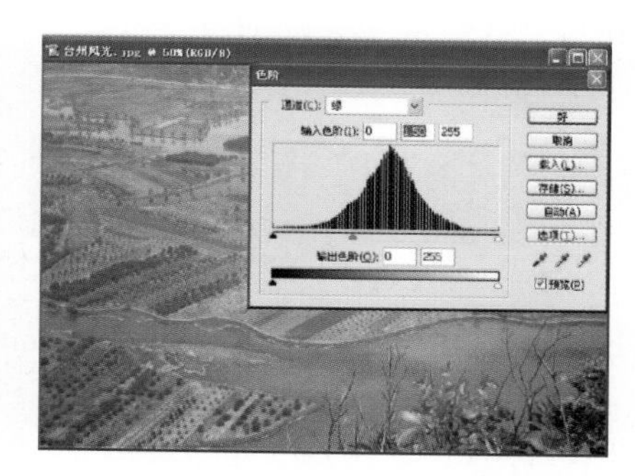

图8.9 提高明度

（3）打开“通道混合器”对话框，选中“单色”复选框，调节RGB的百分比。使树木的颜色变成白色，如图8.10所示。

（4）复制背景层，设置图层混合模式为“滤色”，如图8.11所示。

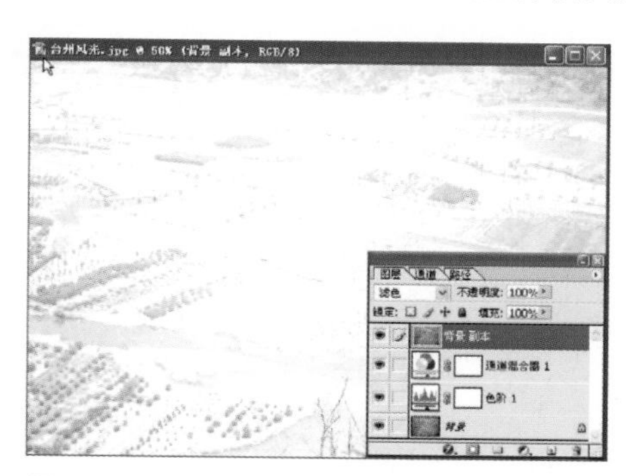

图8.10 “通道混合器”对话框

图8.11 选择图层混合模式

（5）按Ctrl+Shift+Alt+E键创建盖印图层，如图8.12所示。

（6）打开“可选颜色选项”对话框把天空的颜色给调回来，如图8.13所示。

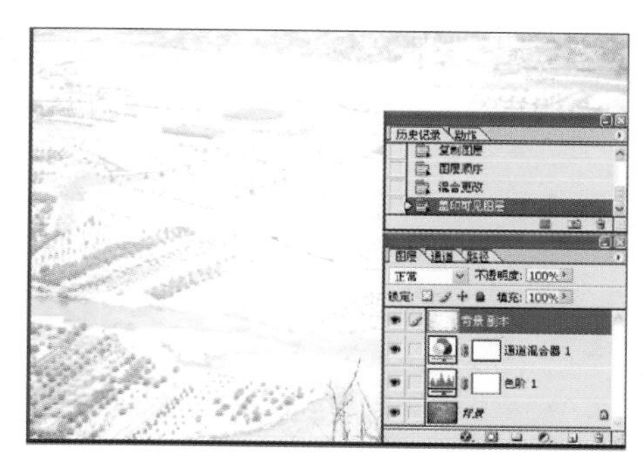

图8.12 创建盖印图层

图8.13 “可选颜色选项”对话框

（7）打开“色阶”对话框进行调节，如图8.14所示。

（8）打开“色相/饱和度”对话框进行调节，如图8.15所示。

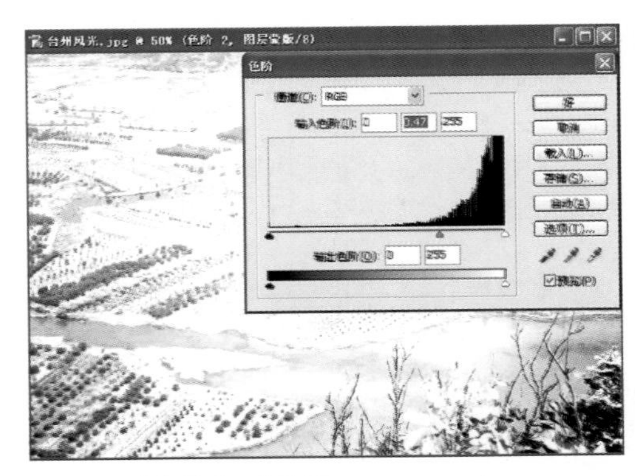

图8.14 “色阶”对话框

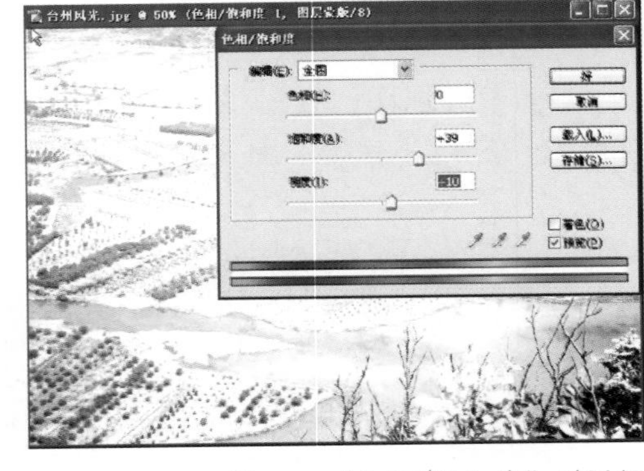

图8.15 “色相/饱和度”对话框

（9）新建图层2，色彩范围选取白色部分。按Ctrl+C复制，按Ctrl+V键粘贴于新图层，如图8.16所示。

（10）打开“图层样式”对话框，选中“斜面和浮雕”复选框，让白色部分看起来有积雪厚度感。设置参数如图8.17所示。

图8.16 复制粘贴图层

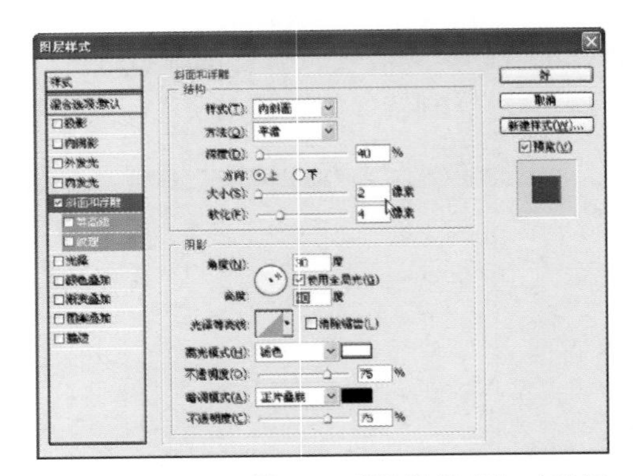

图8.17 “图层样式”对话框

提示：**在通道混合器里把田野的绿色变成白色，这一步是非常关键的，要掌控好，不能让图片过爆，也不能太暗。最终效果如图8.18所示。**

图8.18 最终效果

## 8.3 | 制作雪景水墨画

（1）按Ctrl+O键打开一幅雪景的素材图片，如图8.19所示。

图8.19 素材原图

（2）将背景层复制并命名为“图层1”，执行“图像”|“调整”|“去色”命令，将色彩图像转换为灰度图像，如图8.20所示。

（3）执行“滤镜”|“模糊”|“特殊模糊”命令，在弹出的“特殊模糊”对话框中设置参数，如图8.21所示。

图8.20 去色效果图

图8.21 “特殊模糊”对话框

（4）单击“好”按钮，图像中色调层次被压缩，并保留重要转折边界，如图8.22所示。

（5）复制“图层1”生成“图层1副本”，将“图层1副本”的图层混合模式设置为“变暗”，如图8.23所示。

图8.22 特殊模糊效果图

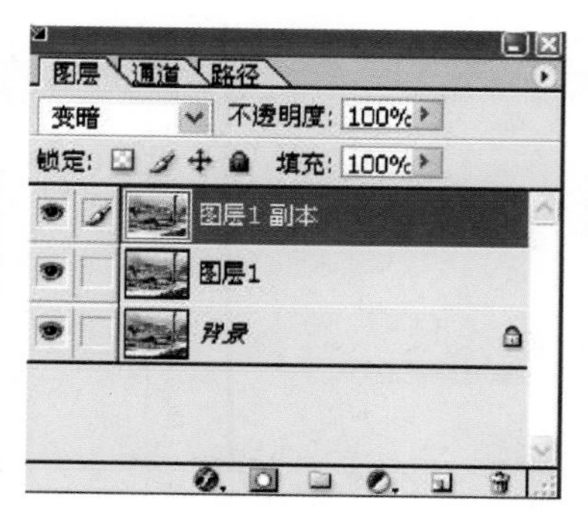


图8.23 复制图层

（6）执行“滤镜”|“模糊”|“高斯模糊”命令，在弹出的“高斯模糊”对话框中设置参数，如图8.24所示。

（7）单击“好”按钮，图像效果如图8.25所示。

图8.24 “高斯模糊”对话框

图8.25 图像效果

（8）执行“滤镜”|“艺术效果”|“水彩”命令，在该对话框中设置参数，如图8.26所示。

（9）应用水彩滤镜效果后，图像中的墨色浓了一些，需要减退，执行“编辑”|“消褪水彩”命令，在“消褪”对话框中设置，如图8.27所示。

图8.26 “水彩”对话框

图8.27 “消褪”对话框

（10）单击“图层”面板下方的“创建新的填充和调整图层”按钮，在弹出的菜单中执行“曲线”命令，在“曲线”对话框中调整曲线，如图8.28所示。

（11）单击“图层”面板下方的“创建新的填充和调整图层”按钮，在弹出的菜单中执行“色彩平衡”命令，在弹出的“色彩平衡”对话框中设置参数，如图8.29所示，单击“好”按钮。

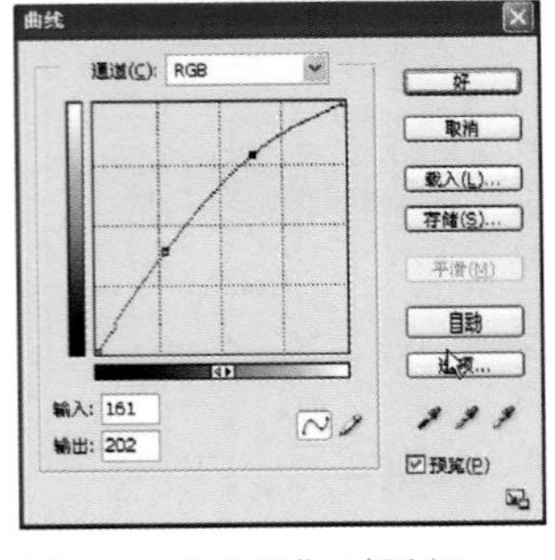


图8.28 “曲线”对话框

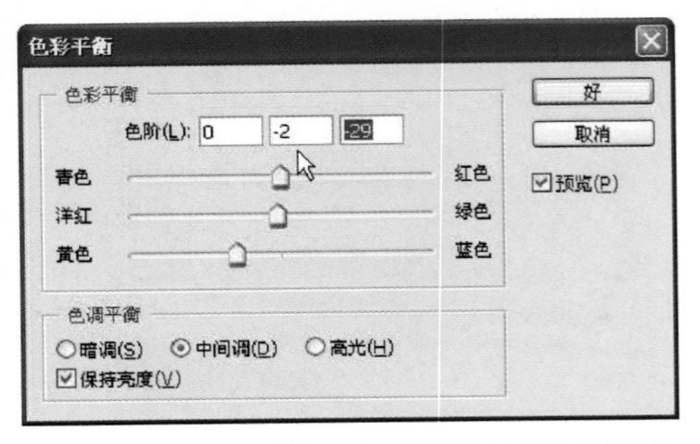


图8.29 “色彩平衡”对话框

（12）画面最终效果如图8.30所示。

图8.30 最终效果图

## 8.4 | 制作下雪效果

（1）在Photoshop中打开一幅在雪中拍摄的风景照片，将其作为背景，如图8.31所示。

图8.31 素材原图

（2）新建“图层1”，并用白色填充图层，如图8.32所示。

（3）选中“图层1”，执行“滤镜”|“像素化”|“点状化”命令，打开“点状化”对话框，设置“单元格大小”为5，如图8.33所示。单击“好”按钮，新建的图层中充满了彩色的小点。

**提示：该值越大，则雪花越大，应根据图片的大小、景物的大小决定雪花的大小。**

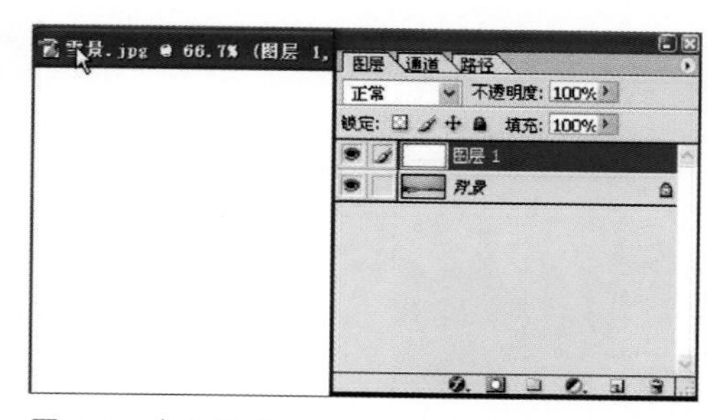


图8.32 填充图层

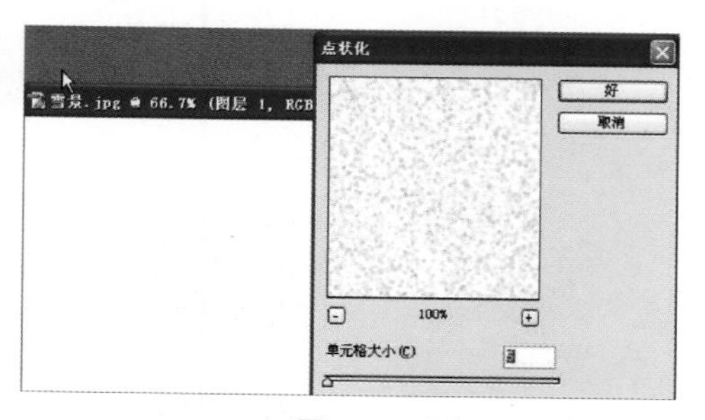


图8.33 “点状化”对话框

（4）执行“图像”|“调整”|“阈值”命令，打开“阈值”对话框，将“阈值色阶”的大小设置为255，如图8.34所示，单击“好”按钮。

（5）由于雪花处于下落的趋势，因此会产生一种动感的效果，可以利用“动感模糊”来实现这一特点。执行“滤镜”|“模糊”|“动感模糊”命令，在“动感模糊”对话框中，设置雪花飘落的“角度”为60，“距离”为8，如图8.35所示。

提示：**距离数值千万不可太大，该值太大就成雨了，下雨效果就是这样设置的。**

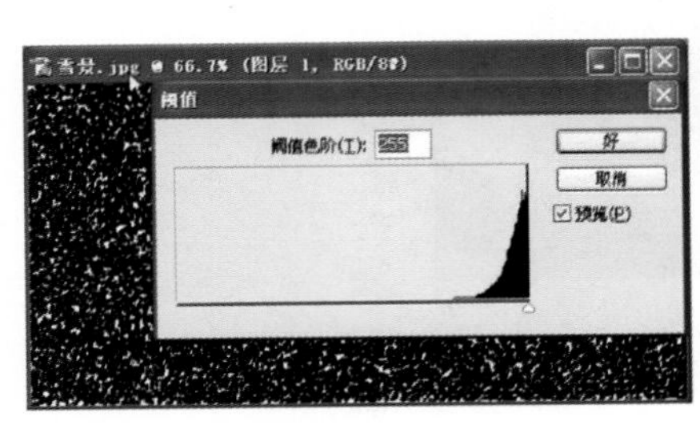

图8.34 “阈值”对话框

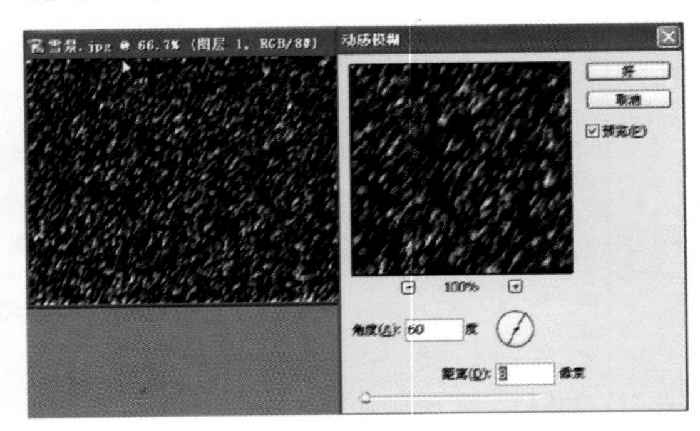

图8.35 “动感模糊”对话框

（6）在“图层”面板中，设置“图层1”的图层模式为“滤色”，英文是Screen，该模式运算的特点是：任何颜色与黑色进行屏幕运算保持不变，与白色运算结果为白色，任意两种颜色运算的结果一般比原色浅，此时“图层1”就与背景图层进行颜色的混合运算，形成如图8.36所示的效果。

提示：**上述设计方法适用于原图是雪景的情况。如果原图不是雪景，要想制作出比较真实的漫天飞雪的效果就要先做雪景再做飞雪了。**

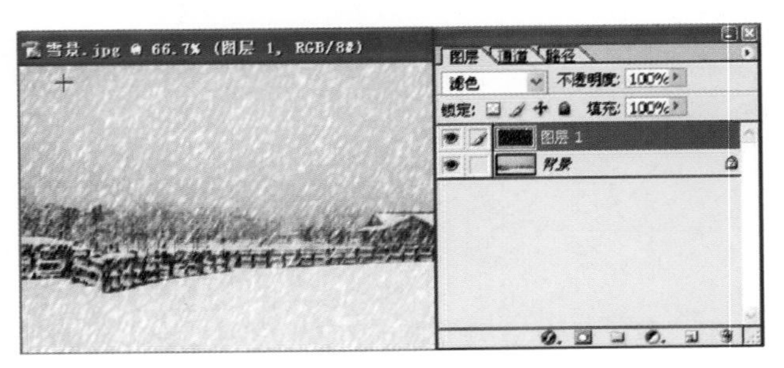

图8.36 雪景效果图

## 8.5 | 效果图雪景后期的制作过程

（1）打开素材图片，并将背景图的分辨率调大，如图8.37所示。

图8.37 素材原图

（2）执行“图像”|“调整”|“色彩平衡”命令，把3张图片调成偏黄的色调，使之有冬天荒凉的意境，如图8.38所示。

（3）调整天空色调，下雪天天空有阴沉的感觉。选择“背景”层，复制“背景”副本层。“容差”设为80，用“魔术工具”把天空区域选中。

（4）把选中的部分通过复制的图层新建一层，如图8.39所示。

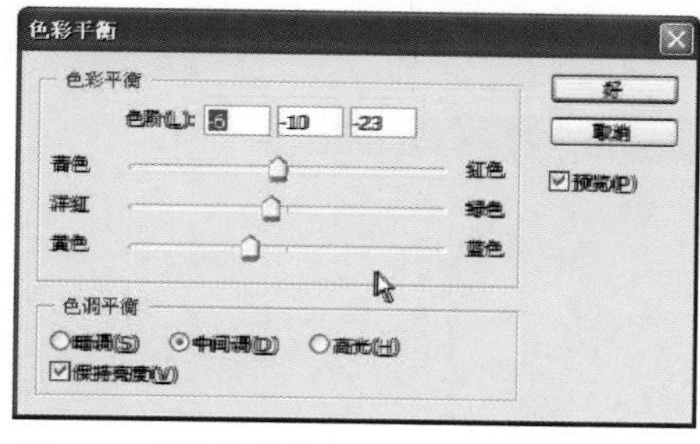


图8.38 “色彩平衡”对话框

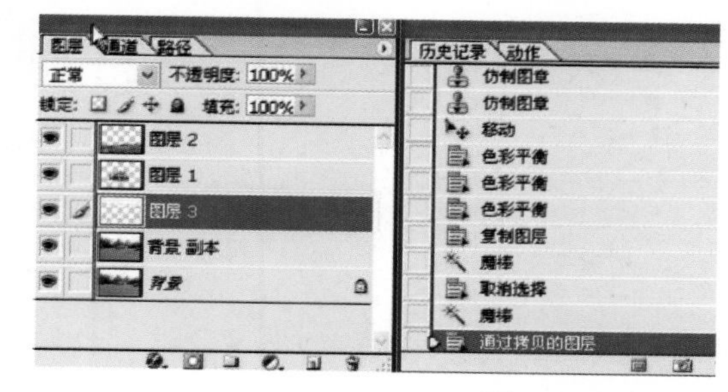


图8.39 新建图层

（5）使用“渐变编辑器”对天空进行渐变，如图8.40所示。

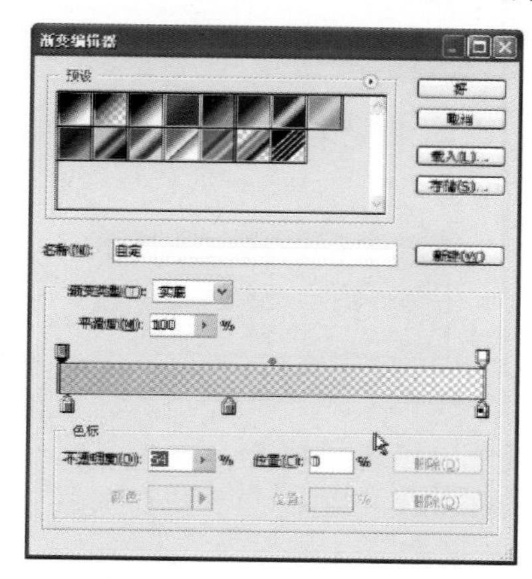


图8.40 “渐变编辑器”对话框

（6）执行“图像”|“调整”|“替换颜色”命令，制作草地积雪，参数设置如图8.41所示。

（7）执行“图像”|“调整”|“亮度/对比度”命令。并处理房子上的积雪，方法同上，并调整整体色调，效果如图8.42所示。

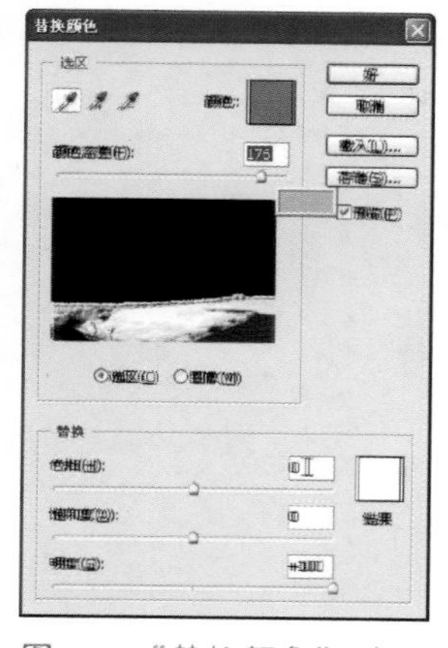


图8.41 “替换颜色”对话框

图8.42 处理效果

（8）设置“前景色”为白色，新建一层，用前景色进行填充，并放至最上层。

（9）执行“滤镜”|“杂色”|“添加杂色”命令，如图8.43所示设置参数。

（10）把添加杂色的图层，复制3个。便于制作远、中、近的雪花。

（11）选择第一层。执行“滤镜”|“像素化”|“晶格化”命令。“单元格大小”设为25，为远景雪花，如图8.44所示。

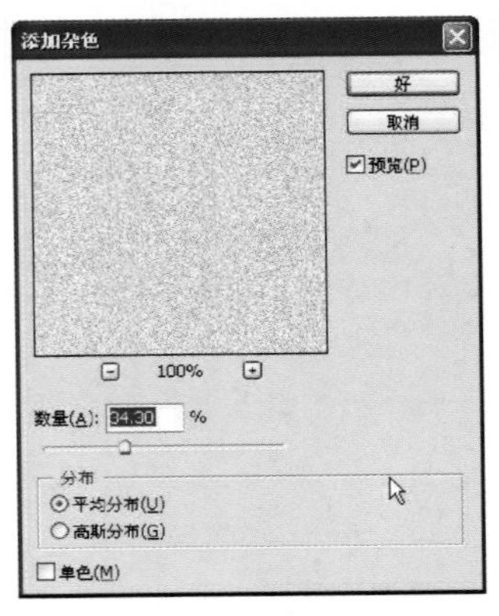


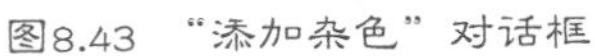
图8.43 “添加杂色”对话框

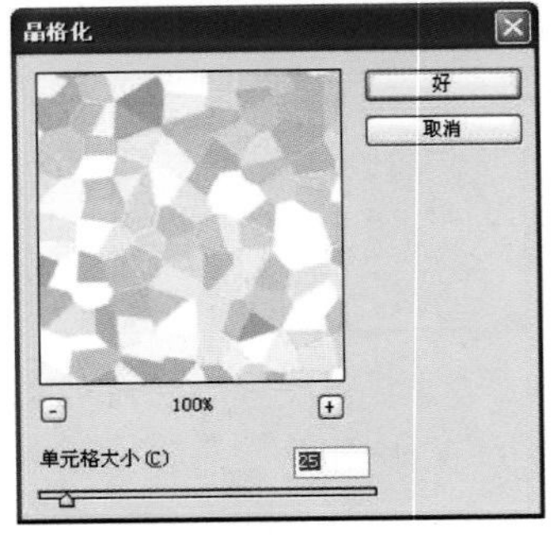


图8.44 “晶格化”对话框

（12）执行“羽化”命令，“羽化半径”设为5。可羽化多次，达到满天飞雪的效果，如图8.45所示。

图8.45 “羽化选区”对话框

（13）新建一层，用前景色白色进行填充。

（14）另外二层的雪花方法同上。不过“晶格化”对话框中的“单元格大小”设为40、60。

（15）用“橡皮工具”对画面的一些部分进行擦除，调整整体，效果如图8.46所示。

（16）增加树木、雪人、诗词，调整整个色调，达到一种如画的意境。最终效果如图8.47所示。

图8.46 雪景效果图

图8.47 最终效果图

# 本章小结

本章主要讲述了雪景的各种制作方法，包括应用图层蒙版、通道、色彩调整等方法。希望通过本章的学习，能够熟练运用所学过的知识，提高效果图后期处理水平，制作出高水平的效果图作品。

## 习　题

1．选择题

（1）将色彩图像转换为灰度图像是执行“调整”子菜单里面的哪个命令？（　　）

A．阈值　　B．色彩平衡　　C．去色　　D．曲线

（2）按（　　）键可以填充前景色。

A．Shift　　B．Alt+退格键　　C．Ctrl　　D．Ctrl + Shift

（3）按（　　）键打开一幅素材图片。

A．Ctrl+O　　B．Shift　　C．Ctrl + Shift　　D．Alt + Shift

（4）在应用通道制作雪景时关键的命令是（　　）。

A．风格化　　B．胶片颗粒　　C．素描　　D．纹理

2．简答题

（1）如何应用图层蒙版制作雪景？

（2）制作雪景的方法有哪几种？

3．实训题

1．实训目标：提高学生实践能力，将实际的3D渲染图进行后期处理后进行雪景的制作。练习步骤与速度，从而提高操作水平。

2．实训要求：以自选一建筑外观图进行制作雪景为实训内容，上机操作完成，在实训过程中通过学生独立制作，同学间进行相互评价等环节来突出学生的主体作用，调动学生学习的积极性和主动性，上机操作按步骤进行制作。教师对实训过程中遇到的普遍性问题给予总结和说明，再进行改进，达到掌握的目的。

# 第9章　建筑效果图水景制作

## 教学目标

通过学习在Photoshop软件中水景景观设计制作方法，了解建筑外观图滨水环境设计与制作方法技巧，掌握Photoshop软件中水环境制作工具命令的使用方法和制作技巧。

## 教学要求

| 能力目标 | 知识要点 | 权重 |
| --- | --- | --- |
| 了解水景景观的设计理念 | 水景景观的设计理念 | 30% |
| 了解Photoshop软件中效果图水景景观的制作步骤 | Photoshop软件中效果图水景景观的制作步骤 | 25% |
| 掌握Photoshop设计与制作建筑外观图滨水环境的方法和技巧 | Photoshop设计与制作建筑外观图滨水环境的方法和技巧 | 45% |

**引例**

本章所讲述的水景环境制作主要以滨水环境及水景小品为主。

在城市中水景景观一般具有自然山水景观的情趣、公共活动集中、历史文化因素丰富等特点，有导向明确、渗透性强的空间特征。

请思考水景景观设计要素有哪些，并且在Photoshop软件中如何表现这些要素？

# 9.1 | 水景综述

## 9.1.1 水景设计核心

滨水区设计核心是自然要素"人化"，即在尊重滨水区特有自然规律下以开发滨水区景观为主，并以经济、生态、社会效应为辅。滨水区的规划和景观设计应该是一种能够满足多方面需求的、多目标的设计，要求设计人员能够全面、综合地提出问题、解决问题。

## 9.1.2 水景的分类

水体赖以依靠的盛器，有两种主要的分别。

（1）自然状态下的水体，如自然界的湖泊、池塘、溪流等，其边坡、底面均是天然形成。

（2）人工状态下的水体。如沿水驳岸，喷水池、游泳池、喷泉、庭院水景、人工假山、瀑布等，其侧面、底面均是人工构筑物。

① 居住区中的沿水驳岸（池岸）（图9.1）。驳岸的形式可以分为规则式和不规则式。规则几何式池岸一般处理成人们坐的平台，它的高度应该以人们的坐姿为标准，池面距离水面也不要太高，以人手能触摸到水为好。

图9.1

② 庭院水景（图9.2）。庭院水景通常为人工化水景。根据庭院空间的不同，采取多种手法进行引水造景（如叠水、溪流、瀑布、涉水池等），在场地中有自然水体的景

观要保留利用，进行综合设计，使自然水景与人工水景融为一体。庭院水景设计要借助水的动态效果营造充满活力的居住氛围。

图9.2

③ 人工瀑布跌水（图9.3）。城市居住区里的瀑布主要是利用地形高差和砌石形成的小型人工瀑布，瀑布跌落有很多形式，可分为向落、片落、传落、离落、棱落、丝落、左右落、横落等10种形式，不同的形式表达不同的感情。

④ 溪流（图9.4）。溪流是提取山水园林中溪涧景色的精华再现于城市园林之中。居住区里的溪涧是回归自然的真实写照。在大型园林景观工程中设计溪流，并通过效果图再现出生动效果，无疑会使整个设计方案更添光彩。

⑤ 生态水池。生态水池是适于水下动植物生长，又能美化环境、调节小气候供人观赏的水景。在居住区里的生态水池多饲养观赏鱼虫和习水性植物（如鱼草、芦苇、荷花、莲花等），营造动物和植物互生互养的生态环境。水池的深度应根据饲养鱼的种类、数量和水草在水下生存的深度而确定。绘制一个真实的生态水池有助于增强设计效果及生动性。

图9.3

图9.4

⑥ 泳池水景（图9.5）。泳池水景以静为主，营造一个让居住者在心理和体能上的放松环境，同时突出人的参与性特征（如游泳池、水上乐园、海滨浴场等）。泳池的造型和水面也极具观赏价值，是居住区水景常用元素之一。

⑦ 涉水池。涉水池可分为水面下涉水和水面上涉水两种。水面下涉水主要用于儿童嬉水，在设计时其深度不得超过0.3m，不能种植苔藻类植物；水面上涉水主要用于跨越水面，一般会设置安全可靠的踏步平台和踏步石（汀步），面积不小于0.4m×0.4m。涉水池也是水景设计与绘制常用元素之一。

⑧ 装饰水景（图9.6）。装饰水景不附带其他功能，起到赏心悦目、烘托环境的作用，这种水景往往构成环境景观的中心。

图9.5

图9.6

⑨ 喷泉。喷泉是西方园林中常见的景观。主要是以人工形式在园林中运用，利用动力驱动水流，根据喷射的速度、方向、水花等创造出不同的喷泉状态。

喷泉景观主要分为以下几种。

壁泉由墙壁、石壁和玻璃板上喷出，顺流而下形成水帘和多股水流。一般设置于广场、居住区入口、景观墙、挡土墙和庭院等处。

涌泉（图9.7）水由下向上涌出，呈水柱状，高度0.6～0.8m左右，可独立设置也可以组成图案。一般设置于广场、居住区、庭院、假山、水池等处。

间歇泉模拟自然界的地质现象，每隔一定时间喷出水柱和汽柱。一般设置于溪流、小径、泳池边、假山等处。

旱地泉将喷泉管道和喷头下沉到地面以下，喷水时水流回落到广场硬质铺装上，沿地面坡度排出，此处平常可作为休闲广场。适合设置在广场、居住区入口。

跳泉（图9.8）射流非常光滑稳定，可以准确落在受水孔中，在计算机控制下，生成可变化长度和跳跃时间的水流。适合设置在庭院、公园路边、休闲场所。

雾化喷泉由多组微孔喷泉组成，水流通过微孔喷出，看似雾状，多呈柱形和球形适合设置在庭院、公园路边、休闲场所。

图9.7

图9.8

小品喷泉（图9.9和图9.10）形象有趣，适合设置在广场、群雕、庭院。

图9.9

图9.10

组合喷泉（图9.11）具有一定规模，喷水形式多样，有层次、有气势，喷射高度高。适合设置在广场、居住区等入口。

⑩ 倒影池（图9.12）。光和水的互相作用是水景景观的精华所在，倒影池就是利用光影在水面形成的倒影扩大视觉空间，丰富景物的空间层次，增加景观的美感。

图9.11

图9.12

### 9.1.3 水景效果图构成元素

在表现自然水景效果图时常见的构成元素如下。

（1）水体流向，水体色彩，水体倒影，溪流，水源。

（2）沿水驳岸沿水道路，沿岸建筑（码头、古建筑等），沙滩，雕石。

（3）水上跨越结构桥梁，栈桥，索道。

（4）水边山体树木（远景）山岳，丘陵，峭壁，林木。

（5）水生动植物（近景）水面浮生植物，水下植物，鱼鸟类。

（6）水面天光映衬光线折射漫射，水雾，云彩。

在水景效果图绘制过程中，把握整体、抓住细节、处理好各景观构成元素之间的关系是水景效果图表现的关键。

# 9.2 | 水景综述水面的制作及为物体制作倒影效果

## 9.2.1 绘制方法

新建一个20cm×20cm，分辨率200像素/英寸的空白页，参数设置如图9.13所示。

设置前景色为中灰色。设置H=0，S=0，B=35%，如图9.14所示。

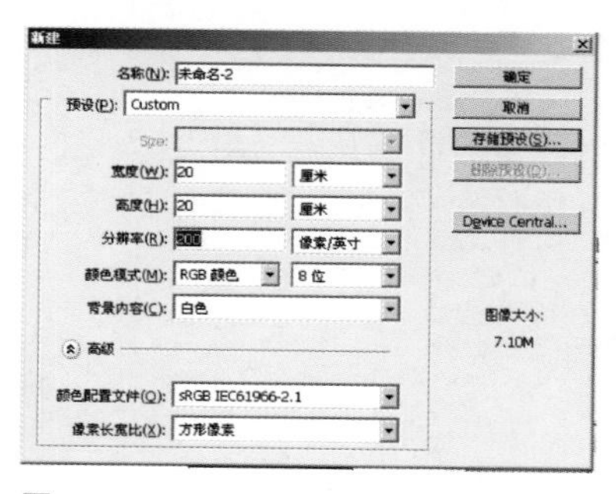

图9.13

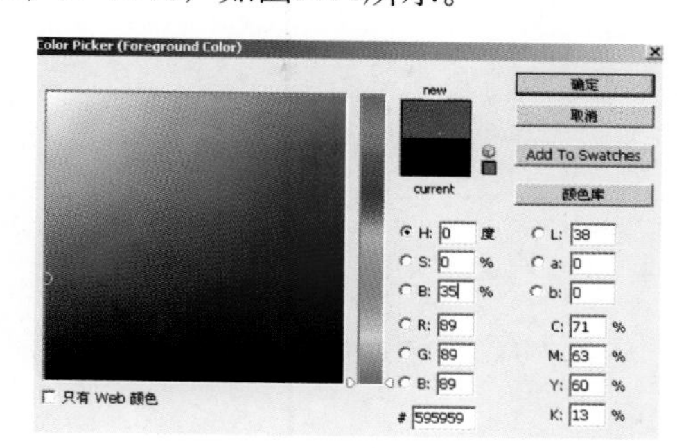

图9.14

（1）执行“滤镜”→“渲染”→“云彩”命令，如图9.15所示。

（2）执行“滤镜”→“模糊”→“高斯模糊”命令，设置参数设为5，如图9.16所示。

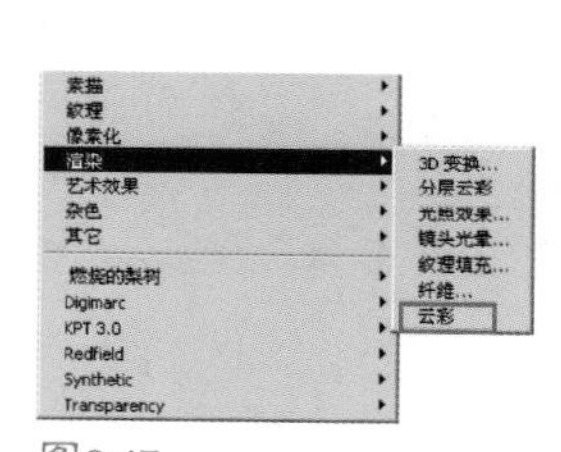

图9.15

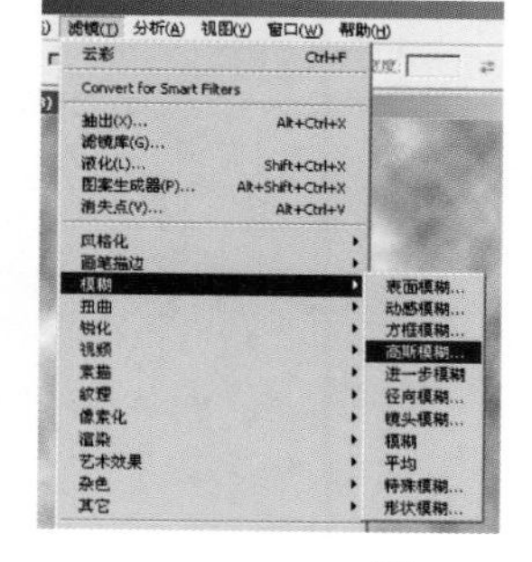

图9.16

（3）执行“滤镜”→“素描”→“基底凸现”命令（图9.17），数值如图9.18所示。

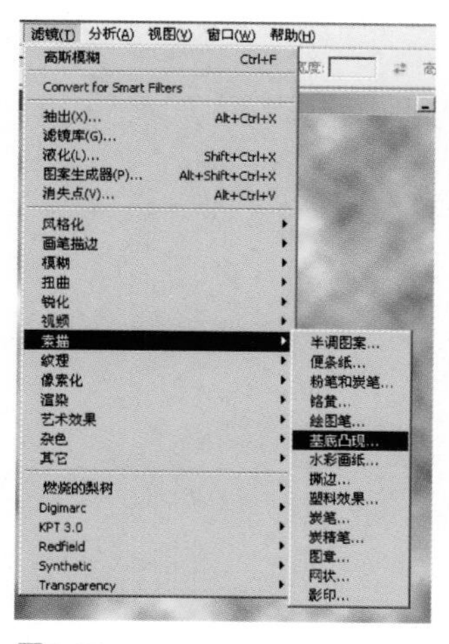

图9.17

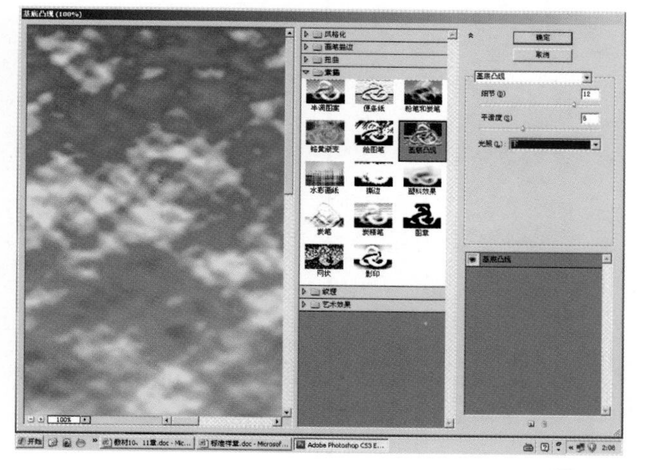

图9.18

执行“基底凸现”命令后的结果如图9.19所示。

（4）执行“滤镜”→“素描”→“铬黄”命令（图9.20），调整细节及平滑度，参数设置如图9.21所示，结果如图9.22所示。

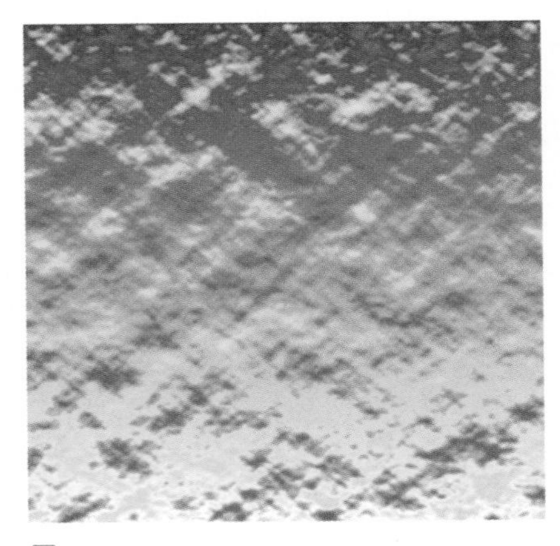

图9.19

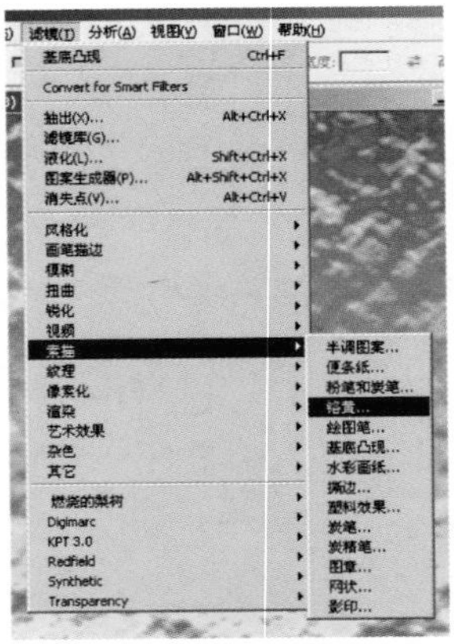

图9.20

图9.21

图9.22

（5）接下来调整图像，执行“图像”→“调整”→“色彩平衡”命令，调整色相/饱和度，得到自己需要的颜色（图9.23），结果如图9.24所示。

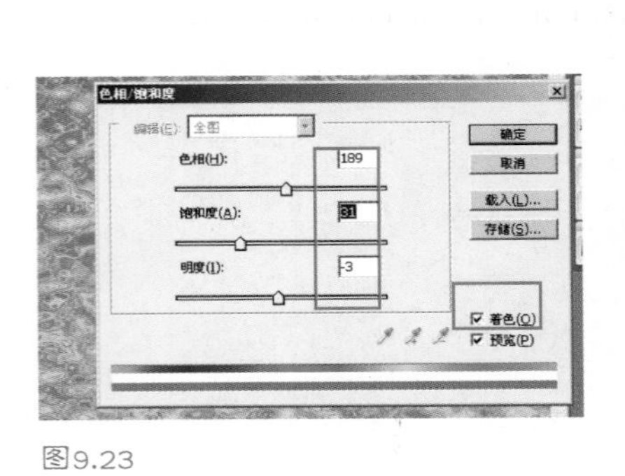


图9.23

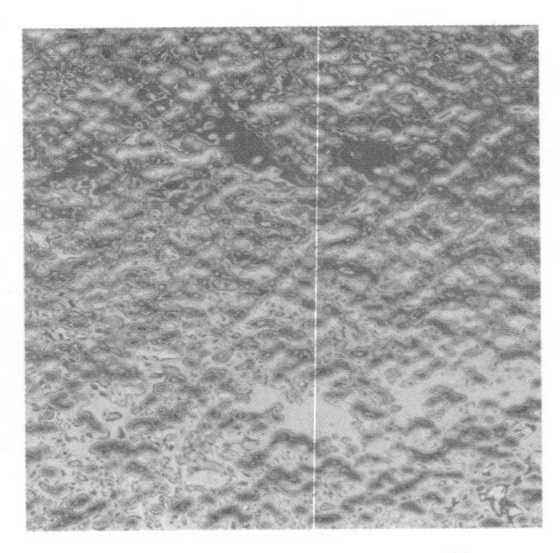

图9.24

（6）最后可以执行“滤镜”→“扭曲”命令，进行进一步的处理，或使用变形工具（图9.25），变形结果如图9.26所示。

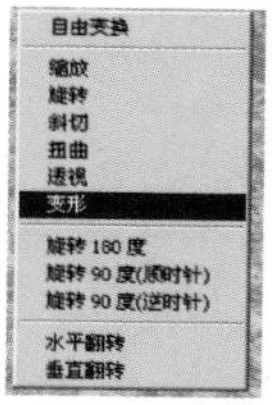

自由变换
缩放
旋转
斜切
扭曲
透视
变形
旋转 180 度
旋转 90 度(顺时针)
旋转 90 度(逆时针)
水平翻转
垂直翻转

图9.25

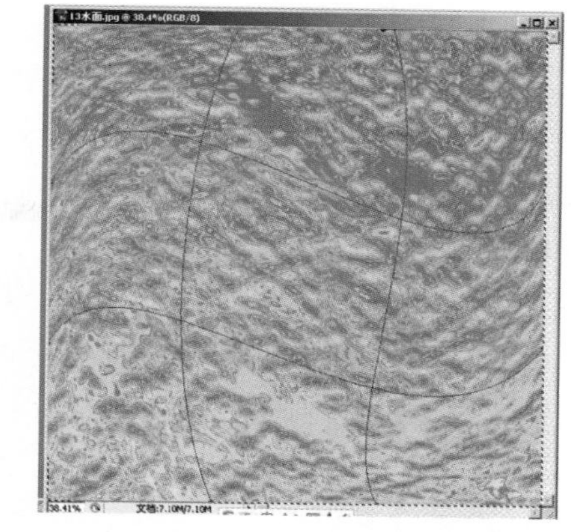

图9.26

## 9.2.2 水面贴图合成法

下面来介绍水面贴图合成制作的实例。

打开配套素材包中的水池图片，如图9.27所示。

为水池里制作水面，可以使用刚才制作的水纹贴图来制作池水。

步骤如下：

（1）打开“13水面”文件，按Ctrl+T键再选择“透视”命令调整水面，如图9.28所示。

图9.27

图9.28

（2）把水面贴图放满整个水池池面，选取池面（按Ctrl键单击蓝色池面通道选取池面），再选中水面图层选择快速图层蒙版，水池水面，如图9.29所示。

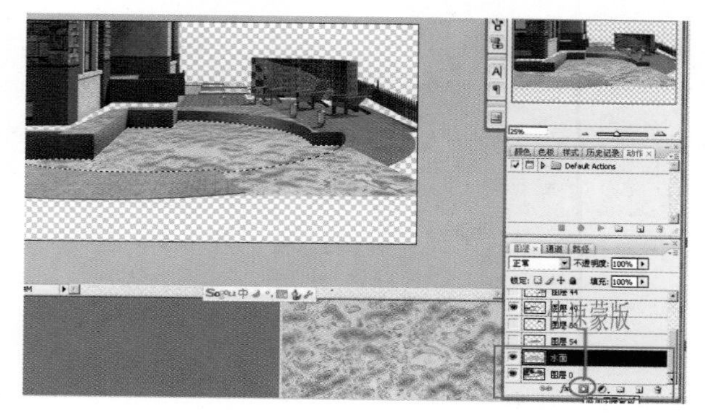


图9.29

（3）接下来把水面处理得和环境协调统一并且更加真实，调整色调及明暗。

① 使用加深及加亮工具对水面的明暗变化进行调整，使用高光范围加深池水周围使投影处更暗。

② 使用加亮工具调整水面明暗变化。

③ 调整色调，如图9.30所示。

（4）增加水面倒影，找到配套素材包中的背景树图片，选取图片。

使用Ctrl+T命令调整好背景树的位置，如图9.31所示。

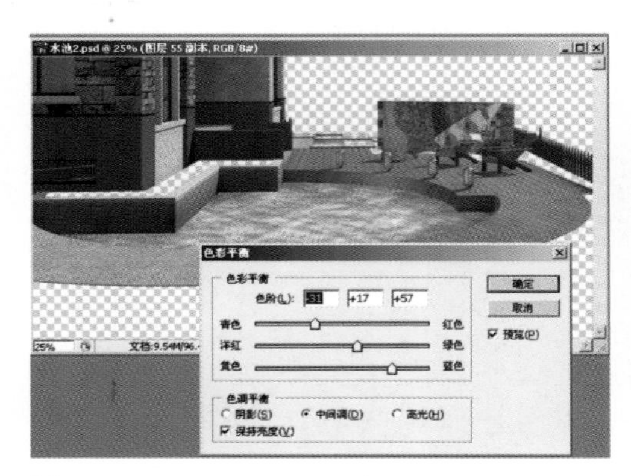


图9.30

图9.31

（5）给背景树添加“波纹”滤镜效果如图9.32所示，添加快速蒙版，如图9.33所示。

图9.32

图9.33

（6）调整倒影的明度以及色相饱和度，如图9.34所示。

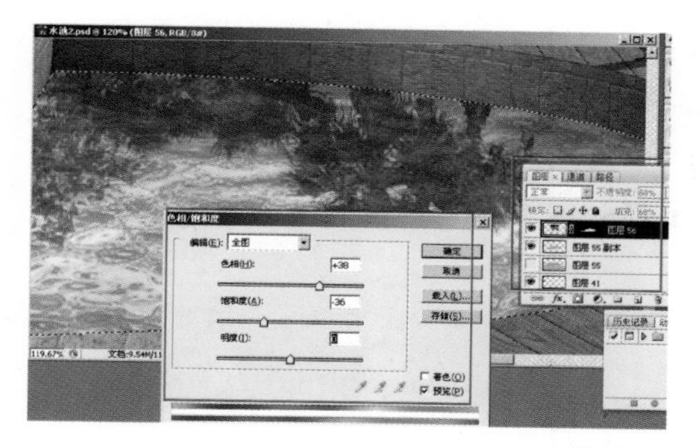

图9.34

（7）最后使用加亮工具制作池壁波光反射效果，如图9.35所示。

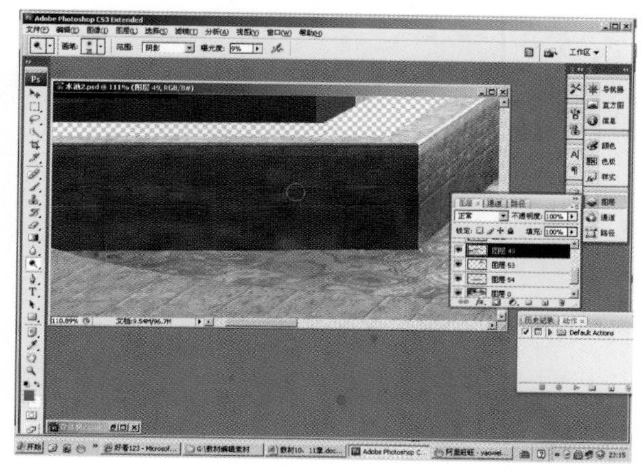

图9.35

## 9.2.3 滤镜法绘制水面及倒影

本例使用滤镜制作模拟水池水面效果简单快捷。

首先安装配套素材包里（可在网站下载）的倒影滤镜Flood-104.8bf文件，将这个文件复制到Photoshop安装文件目录下的Plug-Ins文件夹里，如图9.36所示。

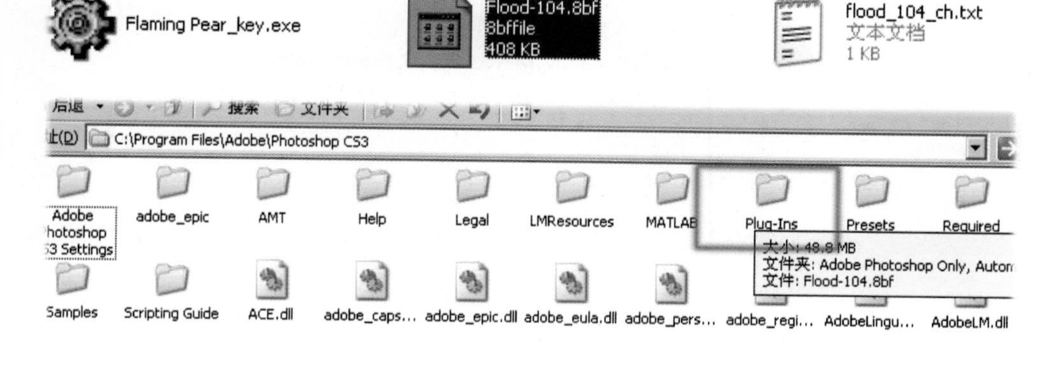


图9.36

重启Photoshop，在“滤镜”菜单下会增加“燃烧的梨树”滤镜。

打开图片“风光2”图9.37，为其制作一个倒影池效果。打开“燃烧的梨树”滤镜对话框（图9.38）。

图9.37

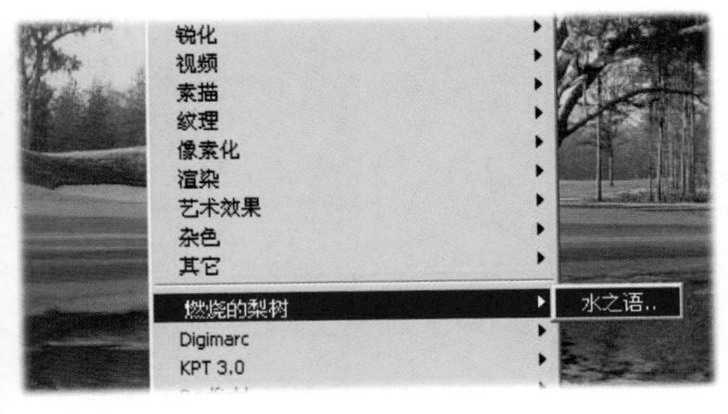


图9.38

调整参数，如图9.39所示。

很快水面及倒影就完成了，最终效果如图9.40所示。

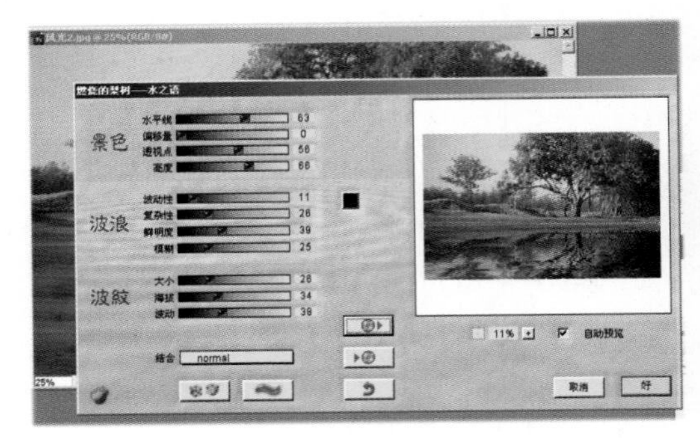


图9.39

图9.40

## 9.2.4 水面涟漪效果制作

打开配套素材包中的水波图片（图9.41）和带有水面涟漪的“湖水”图片（图9.42），用贴图法合成水面涟漪。

图9.41

图9.42

使用椭圆选框工具，设置羽化值为60（图9.43），选取水波波纹部分到“湖水”图片。

使用橡皮擦工具调整参数（图9.44），擦除虚边。

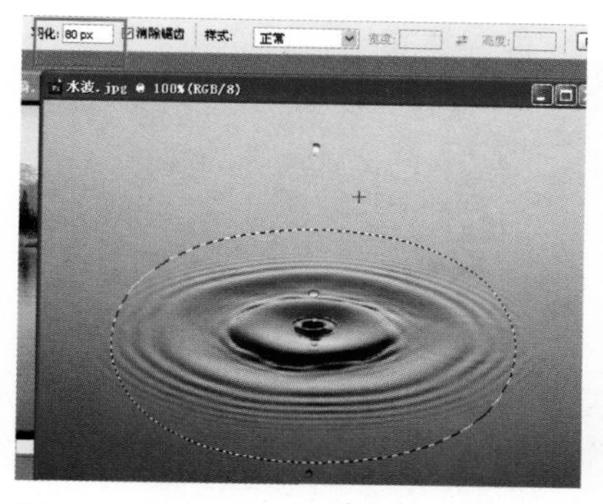

图9.43

图9.44

调整色彩平衡参数，如图9.45所示。

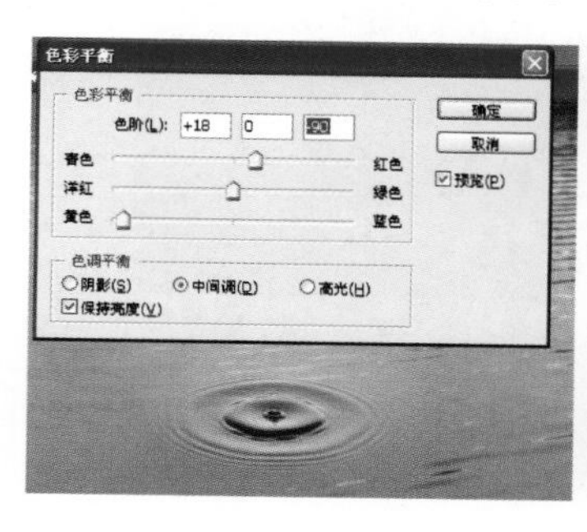

图9.45

使用叠加模式与湖水进行合成，效果如图9.46所示。

使用椭圆选框工具，设置羽化值为50，羽化选择并反选，删除被选择区域，如图9.47所示。

图9.46

图9.47

复制水波图层并使用Ctrl+T调出自由变换工具，调整复制图层的大小，使用同样的方法复制多个图层，制作出多个水波，可以模拟雨滴滴落的效果，如图9.48所示。

图9.48

# 9.3 | 水景喷泉效果

## 9.3.1 贴图法绘制喷泉

打开喷泉场景，如图9.49所示。

图9.49

打开配套素材包中的喷泉03图片文件（图9.50），将其拖入到场景文件水池中央，再调整好图层，调整色调及整体关系即可。

擦除水池被遮挡的部分的喷泉，如图9.51所示。

图9.50

图9.51

最终效果如图9.52所示。

图9.52

不同的贴图效果如图9.53所示。

图9.53

## 9.3.2 绘画法绘制喷泉

这种表现方法的处理过程较为烦琐，主要用于绘制复杂喷泉造型，主要是用喷笔来绘出喷泉的运动轨迹，用模糊的方法来分段处理喷泉的虚实关系，从而表现出喷泉的运动效果，最后再用喷笔喷绘出水雾的效果，即可完成喷泉的制作过程。在整个制作过程中，要注意选择各项参数，这样才能保证喷泉的表现效果。在操作完一遍之后，若感觉没能表现出喷泉的运动效果，可以在局部范围内，按上述的操作步骤再来一遍，直到满意为止，如图9.54所示。

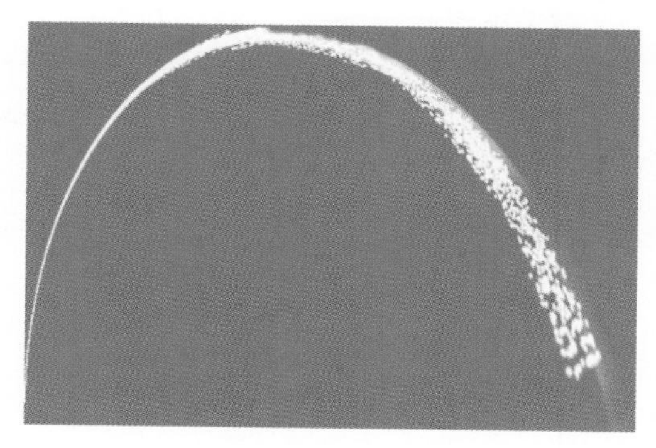

图9.54

为了清楚地介绍制作喷泉的步骤，下面仅以一般的喷泉为例来说明，而其他一些造型的喷泉可依此类推。具体操作如下。

（1）增加新层，命名为“喷泉”，并将该层设为当前层，如图9.55所示。

图9.55

由于在制作喷泉的过程中，要不断地应用各种图像处理命令，因此，有必要将喷泉放在一个单独的层中，以利于操作。

（2）上升直线段

部分的喷泉刚出喷口，它的速度较快，水柱较细。在表现这一部分时，可用工具栏中的直线工具来直接画出来，设置参数，直线工具栏"粗细"设置为5个像素。绘画时可以多画几笔，上端略粗一些，下端略细一些，边缘略虚，中心稍实，结果如图9.56所示。

也可以用工具栏中的毛笔工具来表现，参数设置以直线工具为参照，同样也能表现出较好的效果。

（3）顶部水的运动速度较慢，呈弧形，并渐渐地发散。绘画时用工具栏中的画笔工具。将配套素材包提供的玻璃、水、墨等纹理笔刷复制到Photoshop安装目录Brushes下，路径如下：Adobe\Photoshop CS3\Presets\Brushes\，如图9.57所示。

图9.56

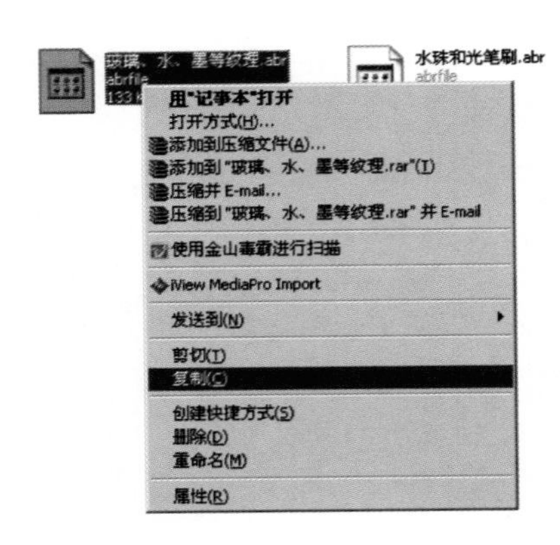

图9.57

选中笔刷工具，重新设置其参数，如图9.58所示。

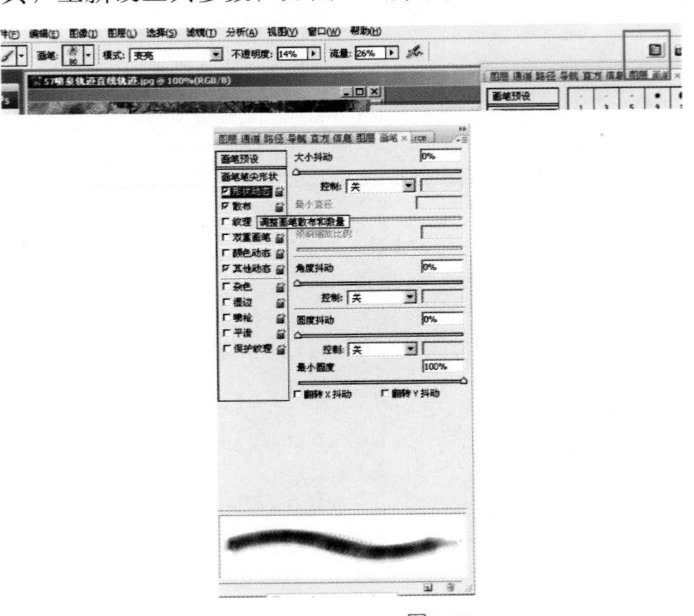

图9.58

用路径工具的方法来画出喷笔的绘画路径，打开“路径”对话框，单击钢笔工具，如图9.59所示。画出图9.60所示的路径。

图9.59

图9.60

可用选择命令来移动调整路径，用转换点工具在节点处来光滑路径，如图9.61所示。光滑后路径如图9.62所示。复制三条路径调整，如图9.63所示。

图9.61

图9.62

图9.63

再单击路径面板的右上角的箭头，选择描边路径项，弹出对话框如图9.64所示。

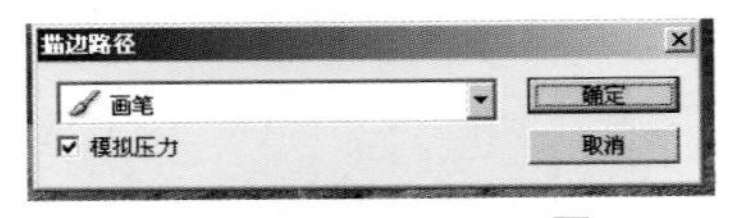


图9.64

单击“确定”按钮，喷笔便自动沿路径完成喷绘。画完一条之后，用选择命令来移动路径，再喷绘一条路径，可根据画面的情况来决定需要几条，本例中喷绘了4条路径，结果如图9.65所示。

图9.65

（4）虚化处理。虚化的目的是使喷泉的水“运动”起来。由于水在不同的位置，它的速度不相同，故虚化的程度也不相同；水在不同的位置其运动方向不同，故虚化的方向也不相同。因此，必须分段处理。

用工具栏中的套索工具分别选择区域，为了保证虚化方向的边界也是虚化的边界，绳索工具的参数选择如图9.66所示。

图9.66

抗锯齿关闭，羽化值为25，可使所选择的区域边界产生虚化。按喷泉运动轨迹的方向顺序来分段处理。

① 使用羽化后的套索工具选择喷泉上升区域的一段。执行“滤镜”→“模糊”→“动感模糊”命令，弹出对话框，选择参数，倾斜–70°，模糊距离15像素。

② 使用羽化后的套索工具选择喷泉开始下降区域的一段。执行“滤镜”→“模糊”→“动感模糊”命令，弹出对话框，选择参数，倾斜60°，模糊距离30像素。

③ 使用羽化后的套索工具选择喷泉开始下降区域的下一段。执行“滤镜”→“模糊”→“动感模糊”命令，弹出对话框，选择参数，倾斜60°，模糊距离50像素。

单击“OK”按钮，即完成了该段喷泉的处理。按上述方法对每一段都同样处理（注意：不断地调整运动模糊参数角度和距离的值），便完成了喷泉的造型。

在此基础上还可以对喷泉更进一步地处理，对一些不足的地方按上述步骤重新操作一遍，最后再用工具栏中的喷笔工具对喷泉的下端（特别是下落端）的周围进行喷涂，以表现水雾的效果，喷泉的水从喷口喷出一直到落入水面，整个过程是一个不断发散的过程，不断虚化的过程。喷泉在最高点处是水运动速度最慢的地方，可以看出，在这个地方好像能够看到水在“运动”。而喷泉在下落的过程中，则越来越发散。

复制喷泉图层，使用Ctrl+T快捷键，打开自由变形工具，使用“变形”命令调整喷泉副本图层，如图9.67和图9.68所示。

最终结果如图9.69所示。

图9.67

图9.68

图9.69

# 9.4 | 水景瀑布的制作

## 9.4.1 瀑布的抠取

打开光盘素材包中的瀑布图片，如图9.70所示。

打开“通道”面板，选择“蓝”通道，执行“图像”→“调整”→“色阶”命令，调整参数，加大周围景物与瀑布的色差，如图9.71所示。

图9.70

图9.71

使用喷笔工具对瀑布周边的暗部进行喷涂，只留下瀑布部分及下部的波纹及白雾，如图9.72所示。

按Ctrl键，在当前通道选中瀑布区域并复制，如图9.73所示。

图9.72

图9.73

新建空白文件，参数设置如图9.74所示。

将瀑布图层粘贴到新建文件，如图9.75所示。

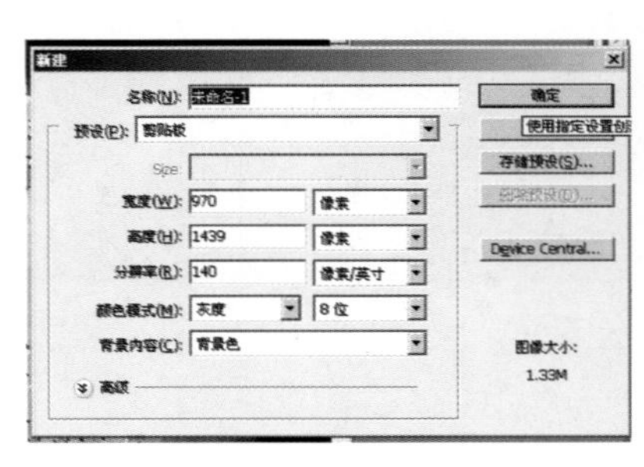


图9.74

图9.75

可将此文件保存为素材文件待用，或制作成笔刷。至此了解了瀑布及喷泉等水体的基本抠取方法。

## 9.4.2 使用瀑布笔刷

将配套素材包提供的瀑布笔刷（图9.76）复制到Photoshop安装目录Brushes下，路径如下：Adobe\Photoshop CS3\Presets\Brushes\。

新建文件，参数设置如图9.77所示。

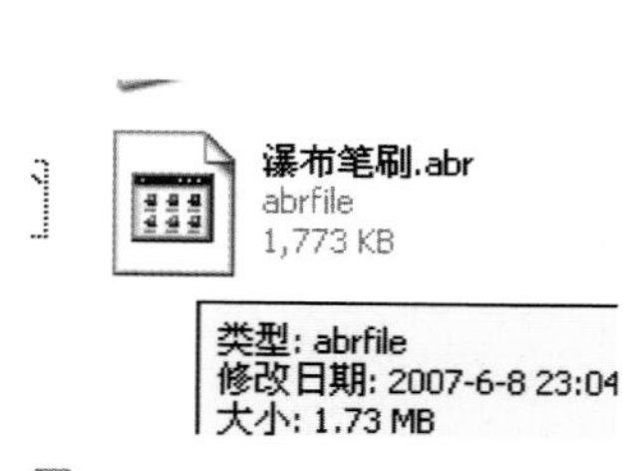


图9.76

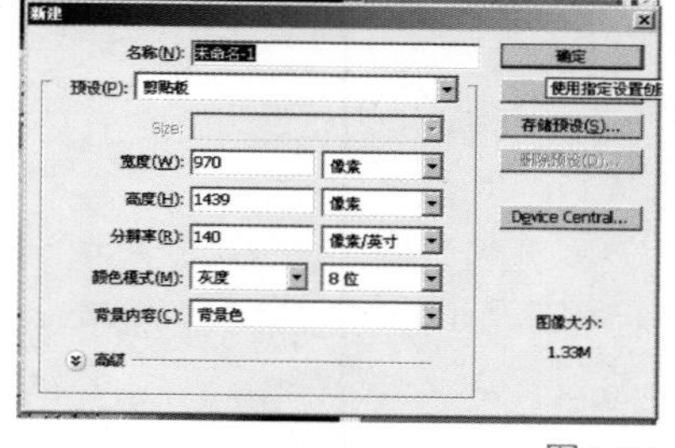


图9.77

单击画笔工具下拉列表，选择瀑布笔刷，如图9.78所示。

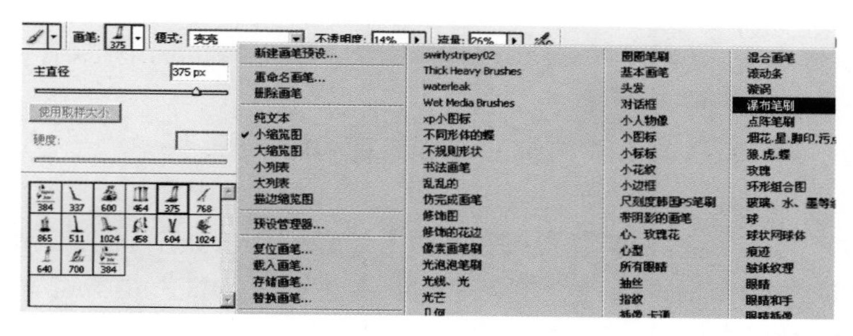

图9.78

笔刷调板界面如图9.79所示。最终效果如图9.80所示。

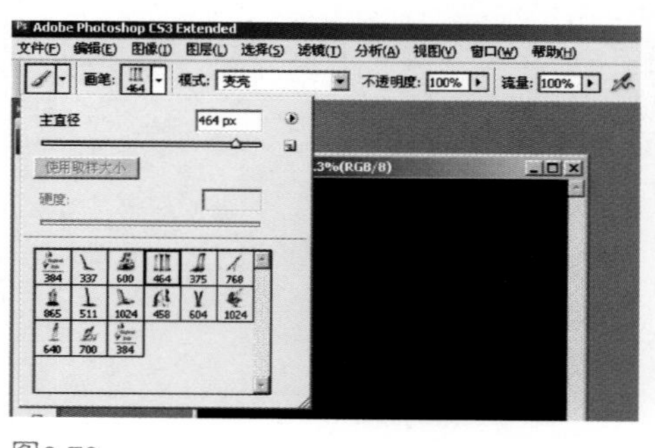


图9.79

图9.80

## 本章小结

本章实例在制作技术方面使用得很全面，而且介绍了大量水景后期特效的制作。从基础的配景贴图使大家初步了解后期制作的主要内容和意义。强调了画面构图的重要性，在不断提高技术水平的同时，还要注意美术功底的提高。

## 习　题

1．选择题

（1）瀑布抠选使用哪些工具？（　　）

A．羽化+图层　B．图层　C．色阶+通道+笔刷　D．变换+抽出

（2）制作倒影的外挂滤镜应当安装在哪个文件夹？（　　）

A．Photoshop　B．Samples　C．Program Files　D．Plug-Ins

（3）Photoshop的笔刷文件存储在哪个文件夹？（　　）

A．Presets　B．Actions　C．Brushes　D．Contours

2．简答题

（1）水景景观有哪些种类？简述水面倒影的几种制作方法。

（2）简述喷泉的制作过程。

3．实训题

（1）实训目标：学会制作与水景相关的效果图，掌握水景渲染与合成的操作流程，并在这个过程中掌握各种工具如羽化、变换、滤镜、图层、通道，协调运用各种方法。

（2）实训要求：结合3ds max等软件完成带水景景观的小区、别墅、广场等效果图的制作，要求如下所述。

① 通过Photoshop软件绘制一张带水面景观的效果图。

② 自己动手设计并绘制一个喷泉。

上机操作完成，在实训过程中通过学生独立制作，同学间进行相互评价等环节来突出学生的主体作用，调动学生学习的积极性和主动性。由教师介绍该实训的意义、要求和注意事项，然后将实训课题布置给学生。学生依据3ds max和Photoshop的基本操作知识，分析该实训项目所需的操作命令。上机操作按步骤进行制作，制作完成后将各人的成果展示出来，由制作人进行演示和解说，教师对实训过程中遇到的普遍性问题给予总结和说明，再进行改进。最后进行快速拓展练习。

# 第10章 建筑鸟瞰图的制作

## 教学目标

本章应掌握鸟瞰图设计制作方法或具备使用Photoshop与3ds max综合作图能力。学会使用3ds max渲染通道图，学会如何正确把握透视关系，以及鸟瞰图空间距离感的处理方法。

## 教学要求

| 能力目标 | 知识要点 | 权重 |
| --- | --- | --- |
| 了解鸟瞰图分类 | 鸟瞰图分类 | 5% |
| 了解鸟瞰图制作要点及流程 | 鸟瞰图制作步骤 | 20% |
| 掌握使用3ds max渲染通道图 | 通道渲染插件安装及通道渲染与叠放 | 35% |
| 掌握Photoshop软件处理鸟瞰图后期技术和技巧 | Photoshop软件处理鸟瞰图后期技术和技巧及实例演示 | 40% |

**引例**

本章所讲述的鸟瞰环境制作主要用于住宅小区规划设计、园林景观规划、办公厂房规划、大型商住楼、写字楼规划表现。在接洽一个由若干楼群组成的大型住宅区整体环境规划设计任务时，假设甲方或工程方需要了解并预知整个规划效果，光凭CAD规划图纸只能表现布局空间的规划，不能完整表现质感与色彩、植物与景观搭配的协调。平视效果图只能表现景观的部分及局部效果。这时候通常可以根据规划项目的规模来设计制作鸟瞰实景环境规划图，既能完整表现空间规划布局又能完美地表现质感、色彩、光影等整体协调性。

思考一下鸟瞰图制作有哪些方面要注意，如何使用Photoshop制作一幅鸟瞰规划效果图。

# 10.1 | 鸟瞰图综述

## 10.1.1 鸟瞰图分类

（1）以视点高度进行分类，可分为半鸟瞰、鸟瞰、轴测鸟瞰图。

（2）以表达内容分类，可分为公共建筑类、住宅类、规划类。

（3）以光环境分类，可分为日景、夜景、黄昏或将暗未暗等光环境。

## 10.1.2 鸟瞰图制作步骤分析

### 1．鸟瞰图的建模

画鸟瞰图首先要建模。将建筑及地面等基本模型建好，在建模渲染前预先估计要选的视点，在建模时分析好哪些面是看得到的，哪些面是看不到的，看不到的面可以不建，但屋顶是不能遗漏的。

### 2．鸟瞰图构图及渲染

俯视场景不是人们很熟悉和常见的场景，除了从高层建筑上、山顶或飞机上向下观看，一般很难有这么高的视点来观察场景，其观察距离较远、透视的角度较大、观察到的场景范围较大。它所表现的常常是群体建筑和区域规划，不但要求表现建筑本身，还要表现周围环境。在低视点表现建筑时，一般只表现对象的两个面，而在高视点的位置上俯视建筑时，则要表现对象的顶面，也就是说要表现3个面。

电脑建筑渲染图俯视表现的方法有两种。

（1）照相机（视点）的位置较高，取景方向与地面的夹角较大，并且取景的范围较小，画面因透视而产生的变形较小，在渲染图中只表现建筑的本身以及周围的环境，如11章第三节中将要介绍的表现方法；

（2）降低照相机（视点）的位置，取景的方向与地面的夹角缩小，并且增大照相机的取景范围，能看见天空或者表现出大地的无穷远处。

### 3．鸟瞰图光影表现

鸟瞰图打灯光一般不推荐使用特殊渲染器，因为场景规模宏大，面块较多，使用

VRay、Lightscape等渲染器耗时费力，影响工作效率。要想取得较好的光影效果，一般通过简单的3ds max标准灯光设置后再通过仔细的Photoshop后期处理来达到预期的光影效果。

鸟瞰图打光的原则有以下几个方面。

（1）主体建筑物正常受光：以素描关系为主，注意黑白灰区域的分配。注意区别屋面和正立面的明暗关系、暗部和阴影的明暗关系。

一般情况，正午主光源吊角高，屋面较亮，阴影较短。适用于住宅小区，表达良好日照间距。

清晨或黄昏，主光源较低平，正立面最亮，阴影较长，地面较暗。适用于公建、单体类，渲染气氛为主。

（2）侧逆光：小面积的次要立面受光，大面积处于暗部。画面含蓄，色彩丰富。

（3）逆光：重在突出建筑的轮廓线，有剪影效果，忽略细部。画面效果肃穆、沉静或辉煌。

（4）夜景：寻找出合理的素描关系，顶部压暗，侧墙退晕。建筑物根部细致刻画，入口或重点处开投影。道路提亮，与地块拉开，离远后变暗。

（5）舞台化灯光：画面中间亮，四周退晕变暗，有戏剧化效果，突出主题，不考虑真实效果。

打3D灯光时，注意带光影追踪的聚光灯的泛围一定不能过大，否则渲染时间要成倍提高。要提高基地的亮度可另打一个泛光灯。

### 4．鸟瞰效果图后期材质及色彩制作要领

（1）决定建筑鸟瞰效果图色彩的因素主要有两点：建筑材料和天空与环境的色彩。

（2）鸟瞰效果图制作的色彩原则如下所述。

首先，确定效果图的主色调。

其次，处理好统一与变化的关系。主色调强调了色彩风格的统一，但是通篇都使用一种颜色，就使作品失去了活力，表现出的情感也非常单一，甚至死板。所以要在统一的基础上求变，力求表现出建筑与环境的韵律感、节奏感。

最后，处理好色彩与空间的关系。

由于色彩能够影响物体的大小、远近等物理属性，因此，利用这种特性可以在一定程度上改变建筑空间的大小、比例、透视等视觉效果。例如，墙面大就用收缩色，墙面小就用膨胀色。这样才可以在一定程度上改善效果图的视觉效果。

（3）材质表现原则有以下几个方面。

一般日景：屋面和墙面区别开，轻微质感。

墙面：在固有色的色阶周围小范围变化（退晕时）。

玻璃：高度超过天际线时，有退晕变化，反映天空及环境；低于天际线，呈现出体量感，整体通透效果较暗。与墙面产生对比关系，常要统一色调。

金属：大面积时需有退晕变化，反天光或周围环境色；小面积时表现固有色，忌处处退晕。

### 5．鸟瞰图后期配景处理部分

在后期处理时一般本着从大到小、由近及远的原则进行。

（1）天空：（可见天际线时）注意云的透视感、退晕方向。面积较大时对画面主色调与暗部色彩倾向有很大影响。

（2）大面积配景：体现建筑所处环境特征，透视角度严谨，尺度与主体的一致。光感与色温要统一，忌多素材拼贴。

（3）配楼：与主楼尺度、透视、受光一致，色彩上作陪衬。

（4）树木：

近景：树冠的形式，增强进深感。

中景：打破地块的边界硬线，减弱模型感。公建类：简洁，韵律感。强调设计规划的目的性，体积感强。住宅类：统一中寻求变化，点缀色彩。

中远景：用于分隔建筑与背景，衬托建筑体量轮廓边界，成团成簇，色彩统一中寻求变化，点缀色彩。

远景：需考虑色彩层次，及虚实变化，弱化体积感。

（5）草地：和地面产生对比，注意远近冷暖变化及有控制的深浅变化，会形成生动的效果。

（6）道路：质感的处理（忌过分强调），注意斑马线的尺度。

（7）大面积水：江河湖海与地面形成反差，有天空或建筑倒影。有高光时，亮部处于近光源方向。

（8）硬地广场：纹理的选择应大气、规整、几何感强。注意尺度感，衬托建筑。

（9）阴影：打破生硬边线，统一画面，突出主体。

## 10.2 | 渲染图及通道图的输出

在鸟瞰图制作过程中有一个较重要的技巧，就是在3ds max软件中使用通道插件BeforeRender来帮助渲染通道图。通道图的使用可以大大提高工作效率，可以把工作人员从烦琐的抠图工作中解放出来，从而有更多时间用于后期处理。熟练掌握渲染通道图的技巧是效果图从业人员的必备知识点。

### 10.2.1 渲染通道脚本的安装

首先打开已经完成的鸟瞰图模型文件（园林鸟瞰）。

注意切换到摄像机2，摄像机始终不能移动。在渲染正稿和通道图时一定要使用相同分辨率的设置，假如正稿渲染时使用3600×2700的分辨率，在渲染通道图时也同样要使用3600×2700的分辨率。因为只有这样在Photoshop后期处理时，两张图放在不同图层后，分辨率相同，摄影机机位也就是拍摄角度相同才能使两张图叠加后真正对齐。

打开Render菜单中Render选项弹出渲染命令面板，调整渲染分辨率，参数设置如图10.1所示。

切换到摄像机2，渲染好最终稿，如图10.2所示。

可以看到渲染好的鸟瞰图中玻璃、墙壁、房顶等的选择是一件非常麻烦的事情。那接下来就是把这件麻烦的事变得简单容易。

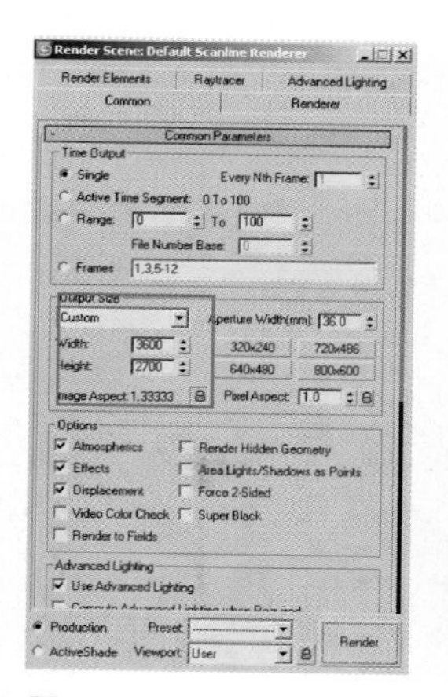


图10.1

图10.2

## 10.2.2 渲染通道材质设置

接下来选择MAXScript（MAX脚本）菜单，单击Run Script命令，如图10.3所示。

打开通道插件BeforeRender，找到BeforeRender插件所在位置，如图10.4所示。

弹出对话框如图10.5所示。

图10.3

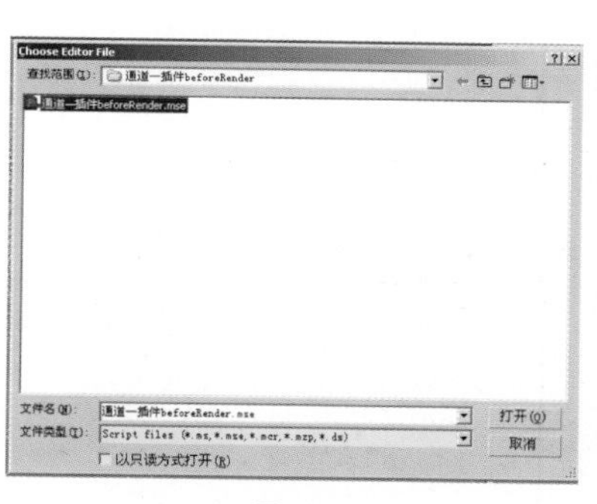


图10.4

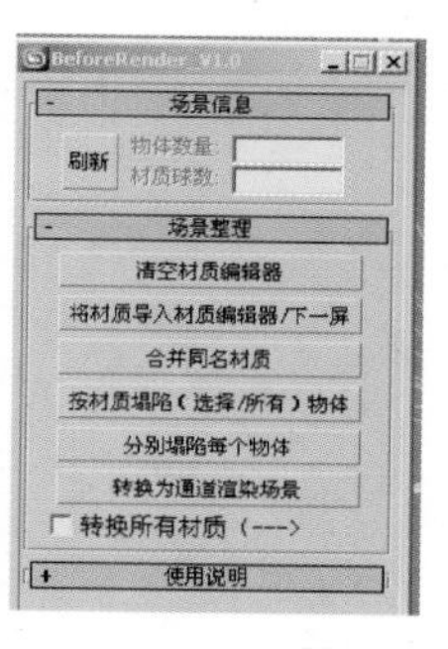


图10.5

## 10.2.3 渲染通道材质设置

单击“转换为通道渲染场景”按钮，如图10.6所示。

观察场景中发生的变化，可以看到所有材质球都变成了纯色，没有高光和漫射，如图10.7所示，并且场景中所有灯光被关闭，如图10.8所示。

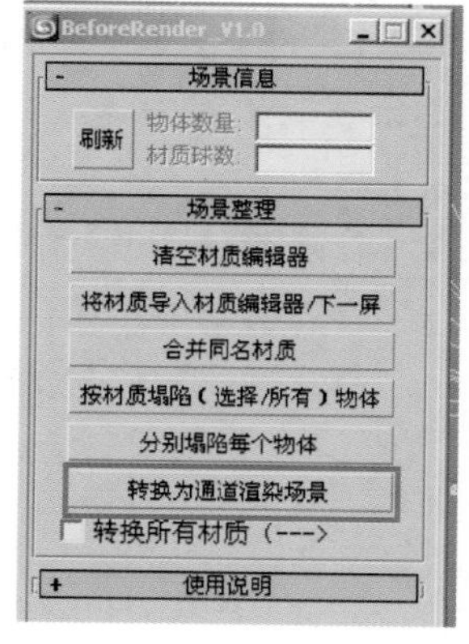


图10.6

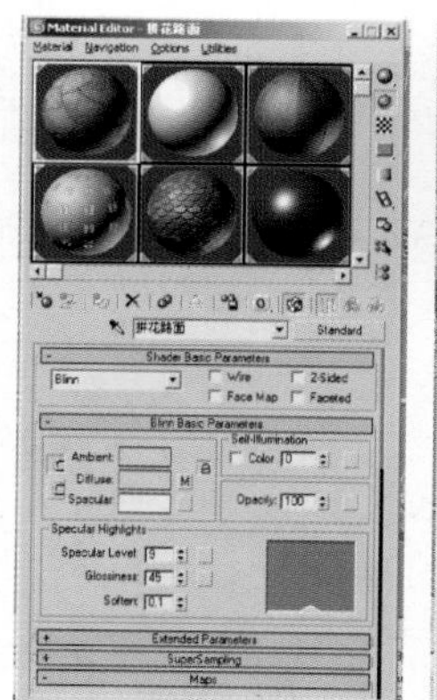


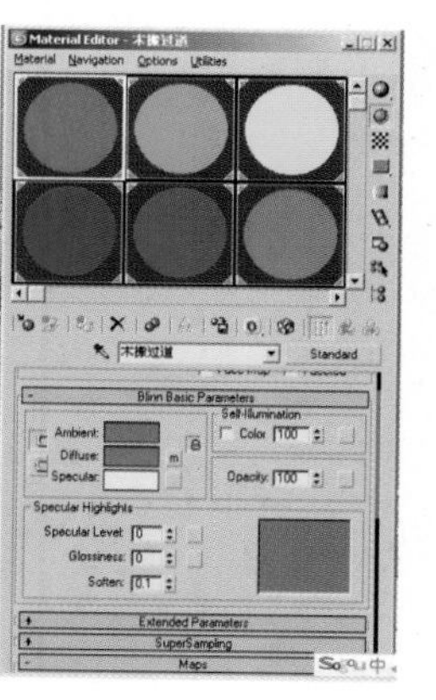


图10.7

这时单击渲染分辨率，使用默认值3600×2700，保证摄像机2位置未移动。渲染结果如图10.9所示。

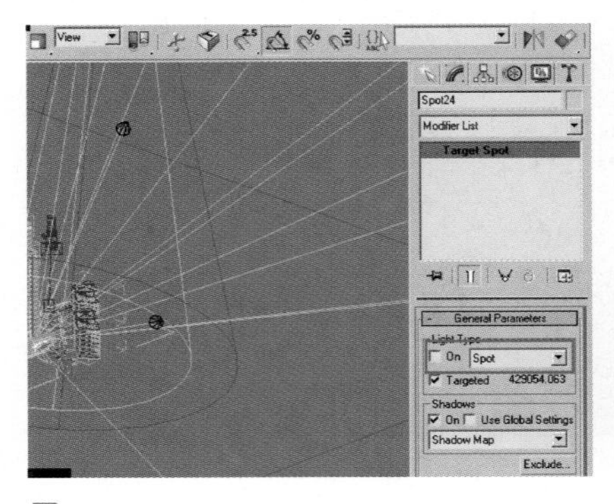

图10.8

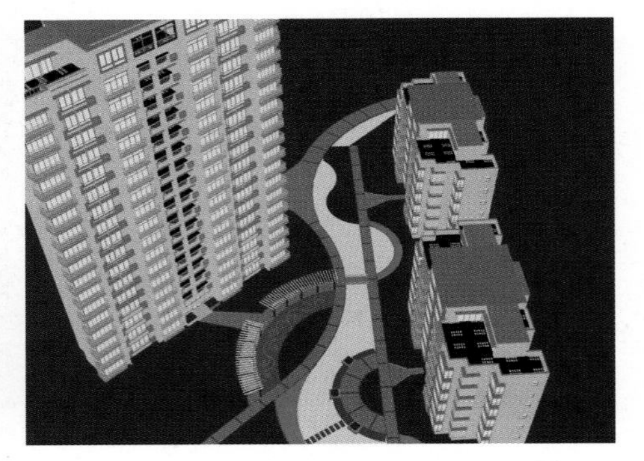

图10.9

## 10.2.4 渲染图和通道的叠放

打开渲染图，如图10.2所示。

打开通道渲染图，如图10.9所示。

把通道图拖拽到渲染图中，新加入图层命名为“通道层”，并且复制背景层将“通道层”放置到复制的背景层，如图10.10所示。

图10.10

## 10.2.5 物体的选取及通道的保存

通道图和渲染图叠加有什么作用呢?

接下来假设要选取建筑物的玻璃，这里不要使用原来的方法（用套索工具慢慢抠），

新的方法是使用魔棒工具，容差值调为25左右，选中通道图层单击玻璃粉色部分，如图10.11所示。

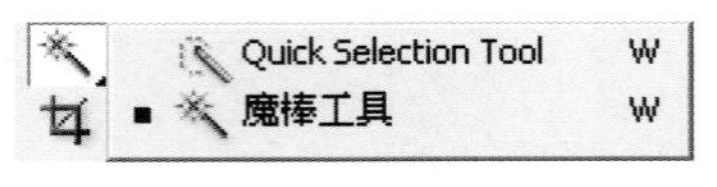


图10.11

选中了粉色部分，执行“选择”→“选取相似”命令，如图10.12所示。

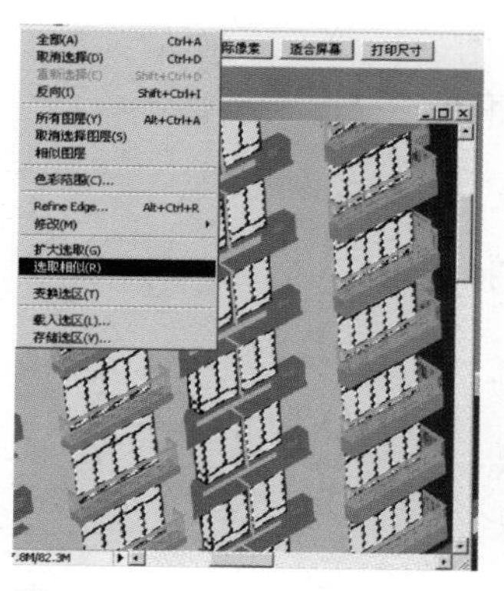

图10.12

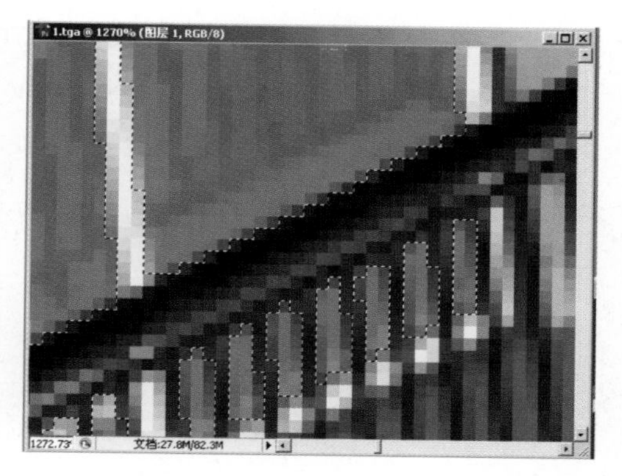

图10.13

选取相似后，切换到复制的背景层，可以看到所有玻璃都被完整地选中了，如图10.13所示。通过这种方法可以很快捷地选中要选择的部位。

接下来就是把选择的区域进行保存，执行"选择"→"储存选区"命令，如图10.14所示。

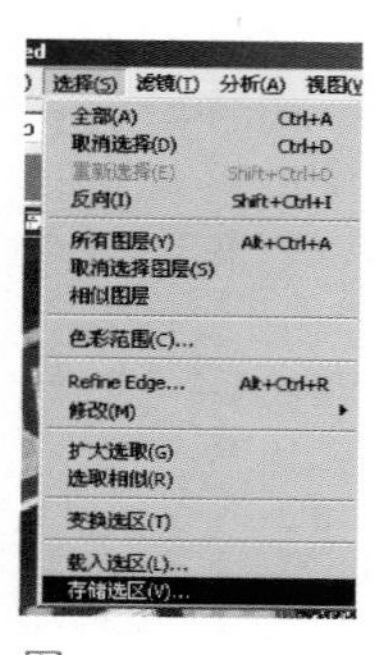


图10.14

图10.15

保存选择区域，命名为"1"，如图10.15所示在通道面板中可以看到新加选择通道1，如图10.16所示。

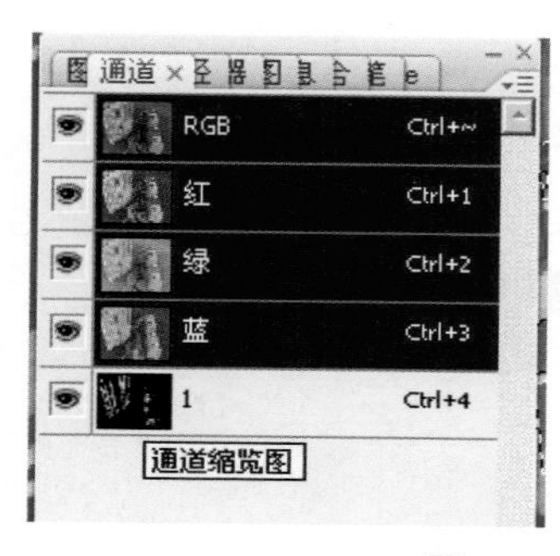


图10.16

## 10.3 | 在Photoshop中进行鸟瞰图的后期处理

### 10.3.1 合成通道图及渲染图

（1）打开场景通道渲染图，如图10.17所示。

（2）打开渲染图并与通道图叠加，如图10.18所示，结果如图10.19所示。

（3）调整画面的对比，经过渲染计算后得到的图像，在调入Photoshop之后的第一步，一般都要对图像的整体进行调整，以适合Photoshop的环境中的视觉感受。执行“图像”→“调整”→“亮度/对比度”(或按Ctrl+B键)，弹出对话框如图10.20所示。

图10.17

图10.18

图10.19

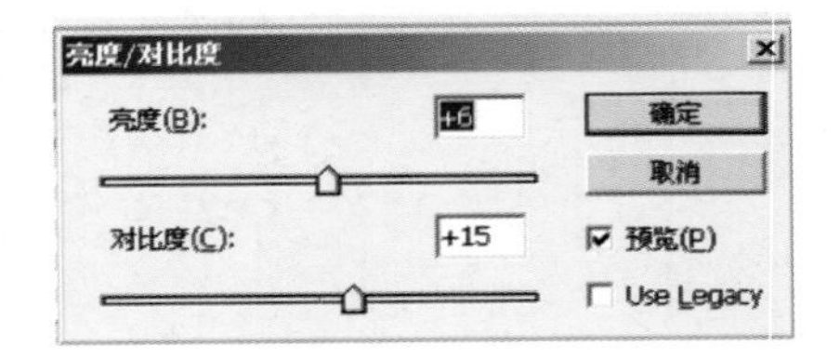


图10.20

## 10.3.2 绿地制作

（1）首先在通道图上选取要制作草坪的区域，用鼠标单击渲染图窗口并激活该窗口，用工具栏中的魔棒工具选择（或按W键，设置羽化为15，消除锯齿）或套索工具（或按L键，设置羽化为0，抗锯齿）来选择绿地所在的区域。对于不能够一次选择的非连通区域，可以作“加法”选择，在用选择工具选择绿地区域的同时，按住Shift键，可增加选择区域；如果选择了多余的区域时，可以作“减法”选择。在用选择工具选择绿地区域的同时，按住Ctrl键，可减去多余的选择区域，如图10.21所示。

（2）保存草坪选区，执行“选择”→“储存”选区命令，保存为通道绿地，如图10.22所示。

图10.21

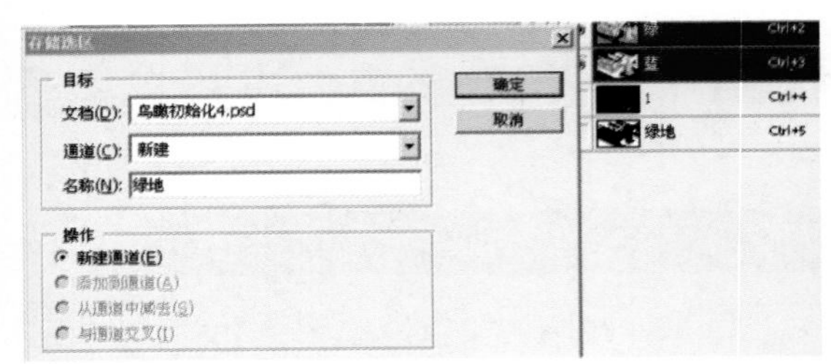


图10.22

（3）制作绿地，增加新层，层名为“绿地”，并设该层为当前层。新建图片文件分辨率与原图相同，如图10.23所示。

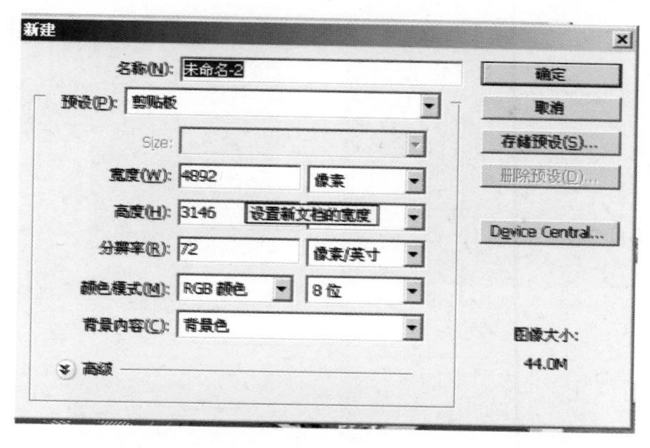


图10.23

（4）本例中，绿地在画面中所占面积的比例较大，它对画面的整体效果将产生很大的影响，因此要认真处理好这个部分。

选择绿地贴图，打开图片文件031.jpg、065.jpg、Shan08.jpg（见素材包），如图10.24所示。

由于图片文件031.jpg中的草地相对平整，比较适合做无缝处理，所以在图片文件031.jpg中选取一片草地，如图10.25所示。

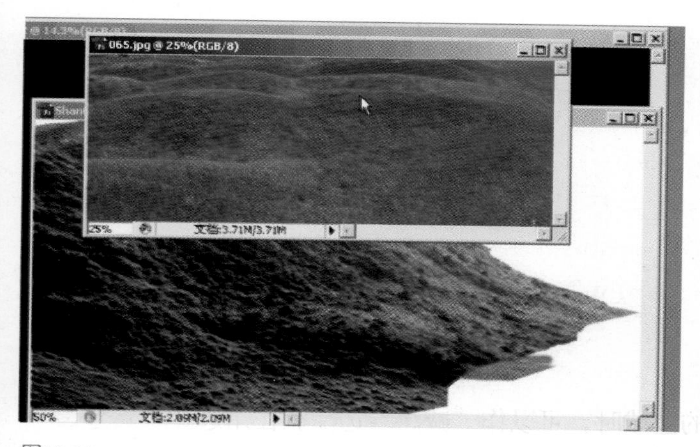


图10.24

图10.25

（5）另外两片草地选择方法如下。

执行“选择”→“全部”命令（或按Ctrl+A键），选择全部绿地图像，执行“编辑”→“拷贝”命令（或按Ctrl+C键），将所选择的绿地图像复制到新建图片文件中，如图10.26所示。

调整图片的色调，使草坪色调相近，调整亮度，使3片草坪亮度统一，如图10.27和图10.28所示。

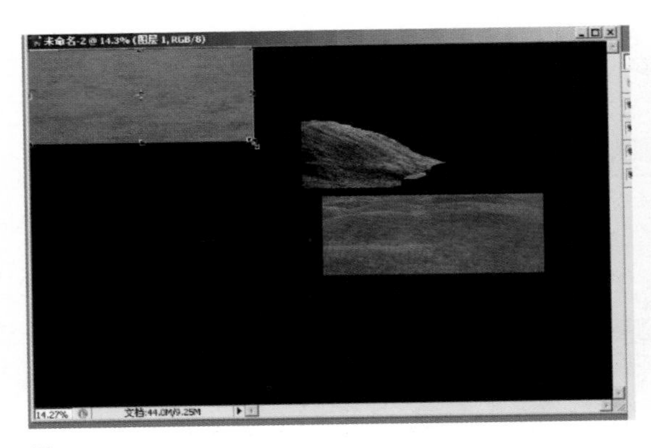

图10.26

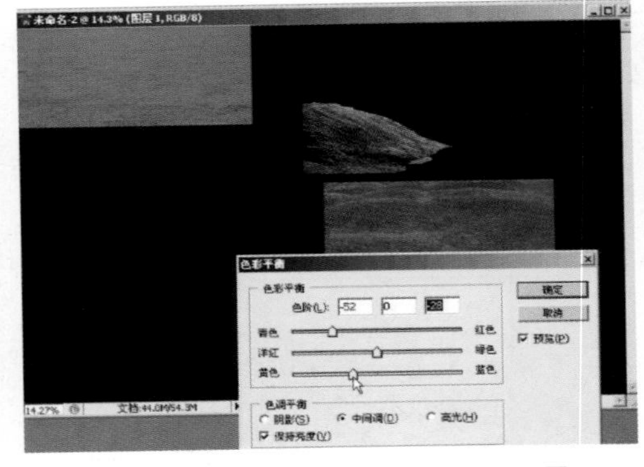

图10.27

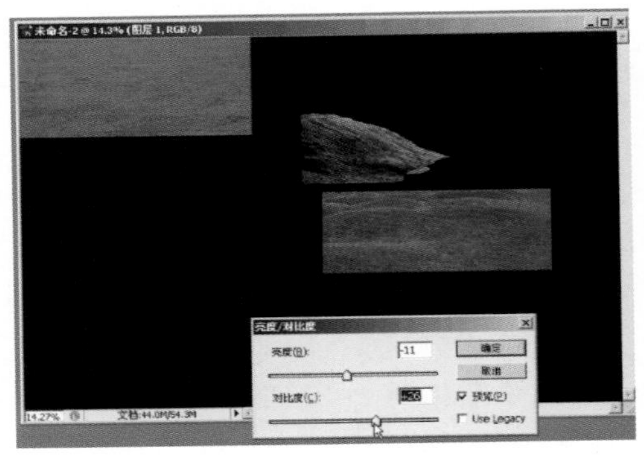

图10.28

（6）本贴图所表现草地的视点较低，与渲染图画面的透视不符，好在草地所表现的只是平面，可以通过执行“图像”→“效果”→“缩放”命令来做一些纵向的变形。从画面的效果来看，并没有什么视觉上的不适之处，因而可以采用，只是要把握好一个“度”的问题。当草地图像的面积不够大，不能完全贴满渲染图的绿地，或者说，即使能贴满绿地区域，草地的纹理尺度又太大，这时，只能用小面积的草地贴图来贴满大面积绿地，而且只能用复制的方法将小面积的草地变成大面积贴图，将从草坪图片中截取的那部分草坪制作成无缝贴图进行复制填充，然后填充到新建草坪图片中作为处理草坪图片的基底。

将从图片文件031.jpg中截取的那部分草坪截取出来，执行“滤镜”→“其他”→“位移”命令（图10.29），参数设置如图10.30所示。

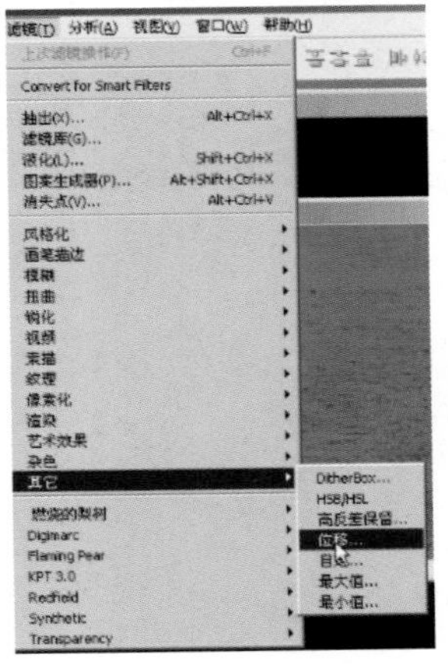

图10.29

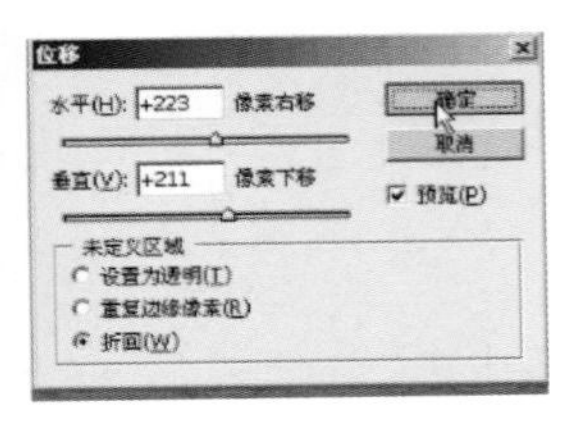


图10.30

使用修补工具和图章工具修补位移后出现的接缝。使用图章工具时，选择边缘较模糊的笔刷，按住Alt键从完整的草坪处复制到接缝处，或修补接缝，如图10.31所示。

修补后结果如图10.32所示。

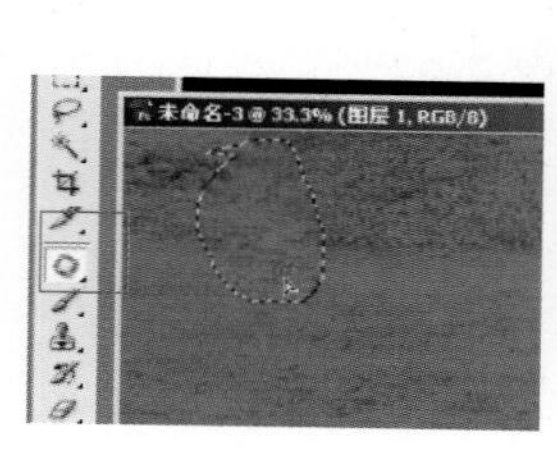

图10.31

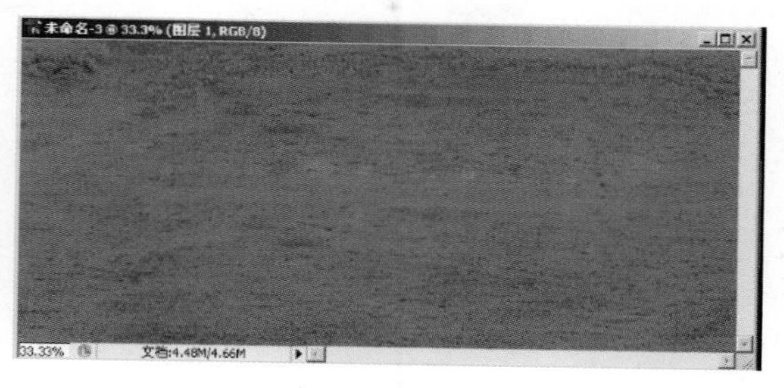

图10.32

将修补好的草坪贴图定义图案，如图10.33所示。

执行“填充”命令，将定义的草坪图案填充至“未命名2”，放置草坪贴图，分辨率与鸟瞰原图相同。

弹出对话框后，再单击图案选择处理好的无缝草坪（图10.34），单击“确定”按钮，结果如图10.35所示。

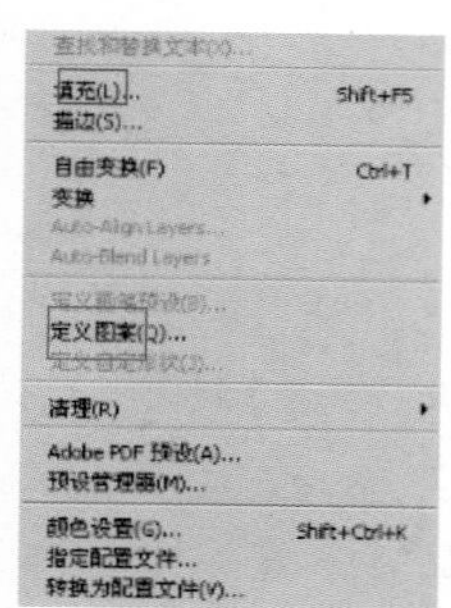

图10.33

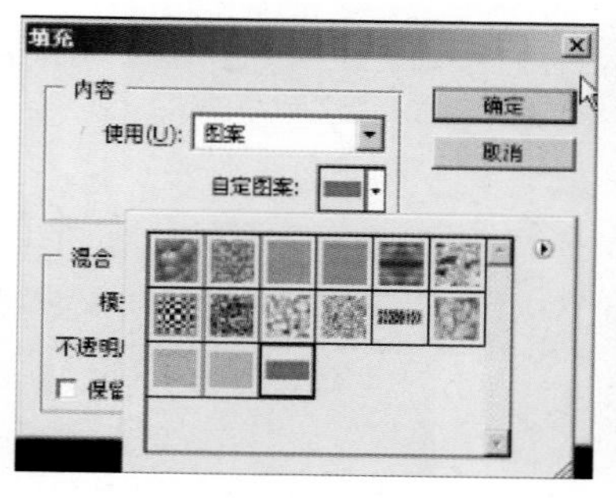


图10.34

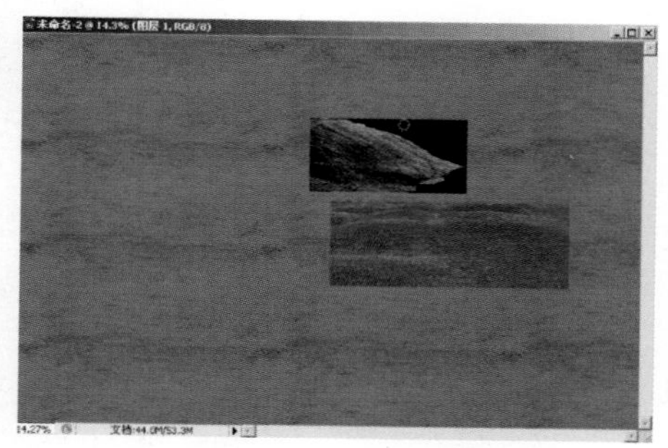

图10.35

接下来处理065.jpg草坪贴图。先用羽化值为40的椭圆选框工具（图10.36和图10.37），圈选草坪的中部，尽可能大些。

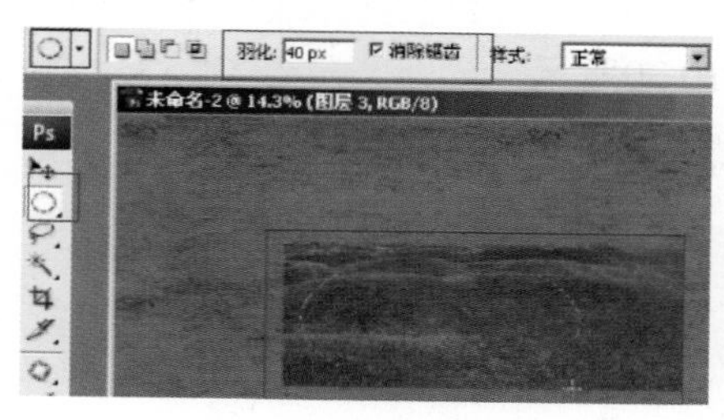

图10.36

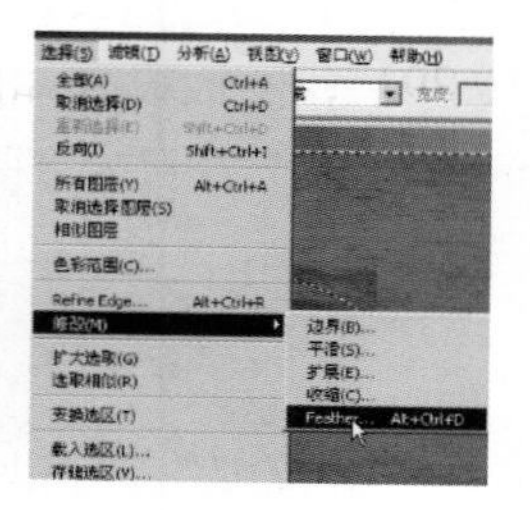

图10.37

反选后，修改羽化值为90，如图10.38所示。

图10.38

按Ctrl+Shift+I键反选，再按Delete键删除外面部分，得到结果如图10.39所示。再使用自由变换工具调整此草坪大小，如图10.40所示。

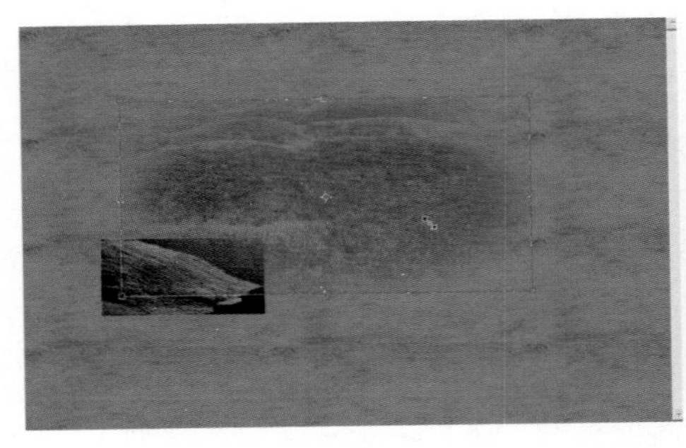

图10.39

图10.40

按住Alt键复制多个草坪图层，调整为不同大小，如图10.41所示。

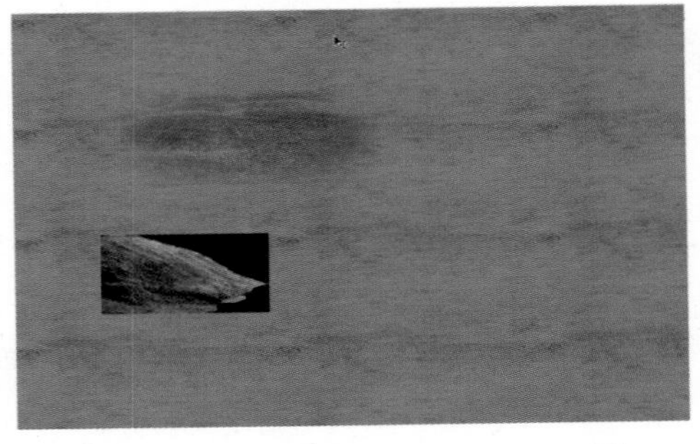

图10.41

（7）最后处理Shan08.jpg草地贴图，同上对边缘羽化删除，如图10.42和图10.43所示。

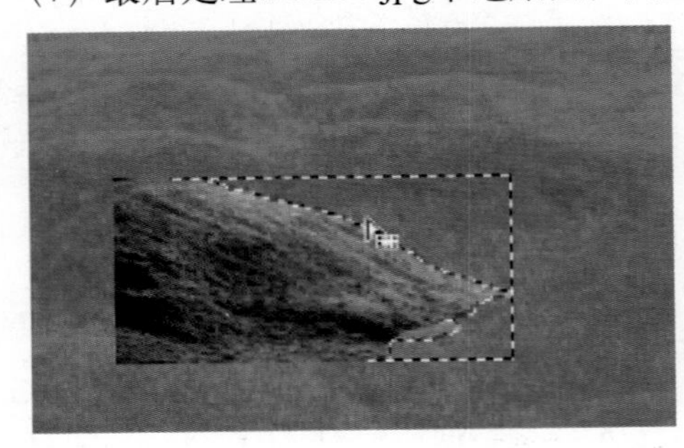

图10.42

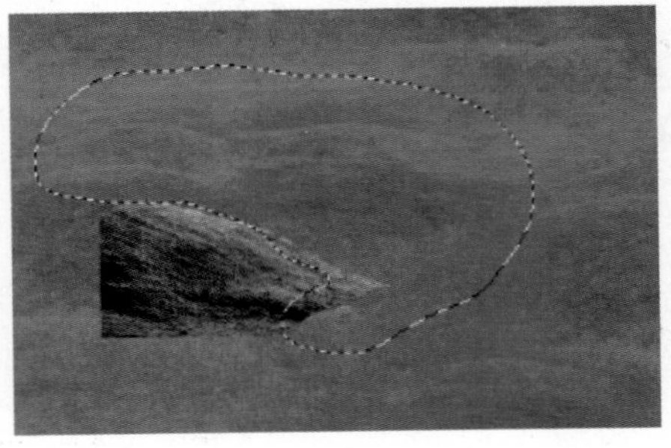

图10.43

使用橡皮工具调整好透明度，擦除边缘，如图10.44所示。

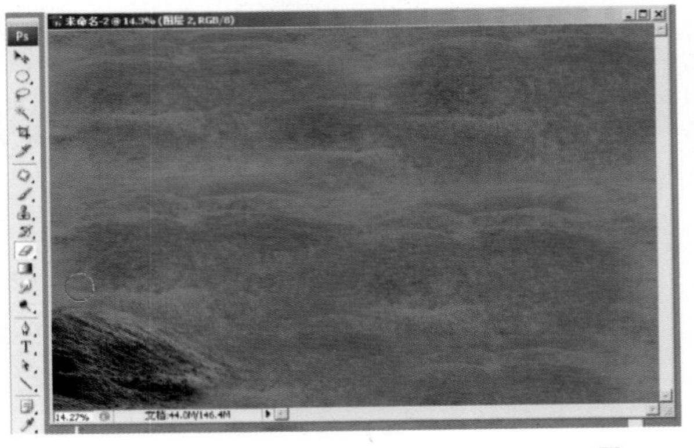

图10.44

调整 Shan08.jpg草坪图层的透明度，完成草坪制作，结果如图10.45所示。

这时草地的图像在绿地区域的底层，并处于“活动”状态，在移动选择区域内草地贴图的同时，可按住Alt键，以完成复制的功能，这样可以完成整个绿地的贴图。

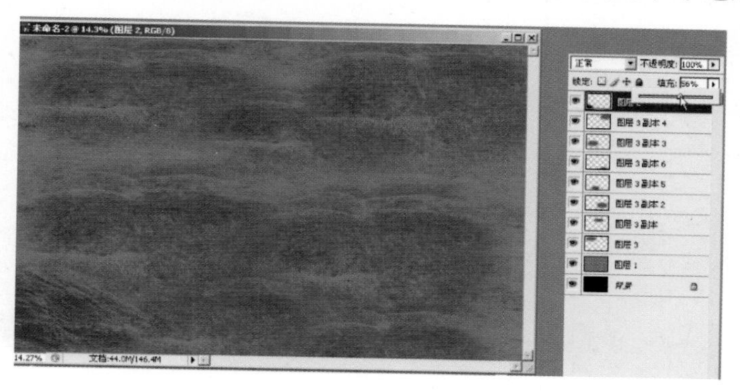

图10.45

（8）整个草坪制作好后，由于草坪基本是整个鸟瞰图的底色，鸟瞰表现的一般是较大型的场景，景物都是近实远虚，所以在表现草坪时一般可以做退晕处理，操作步骤如下。

先选择矩形选框工具，设置羽化值为200，圈选草坪最上部，如图10.46所示。

再打开曲线工具调整草坪使草坪远处显得更发白，减少层次感，对比度减弱，如图10.47所示。

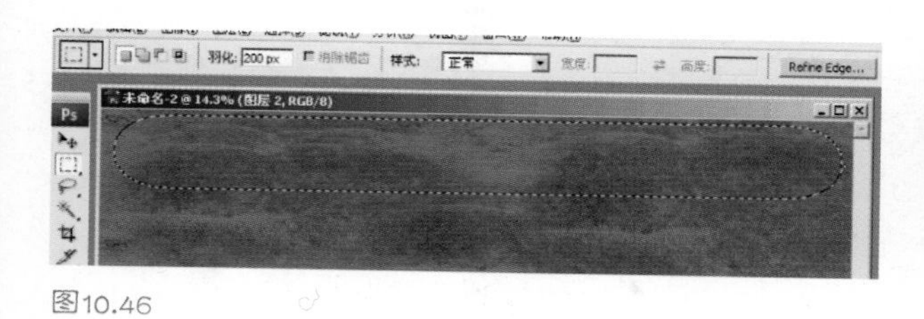

图10.46

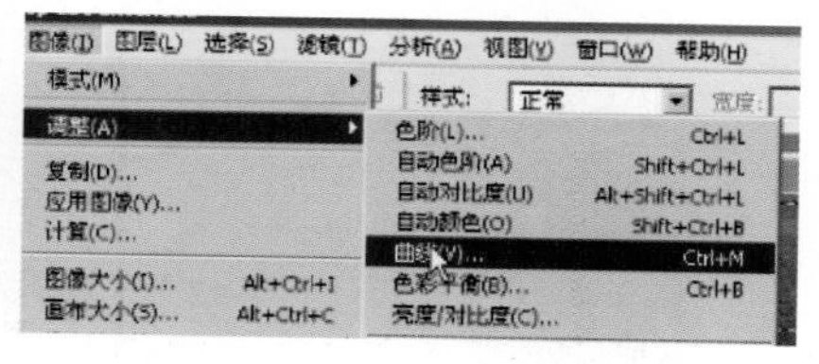

图10.47

曲线调整如图10.48所示。

接下来选中中上部分的草坪，同样羽化后再调整，如图10.49所示。

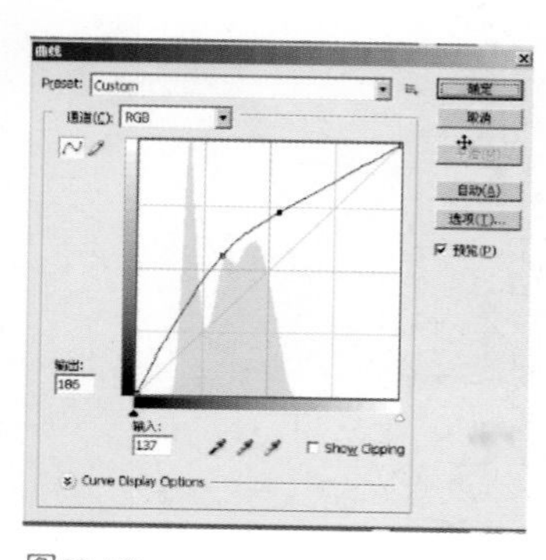

图10.48

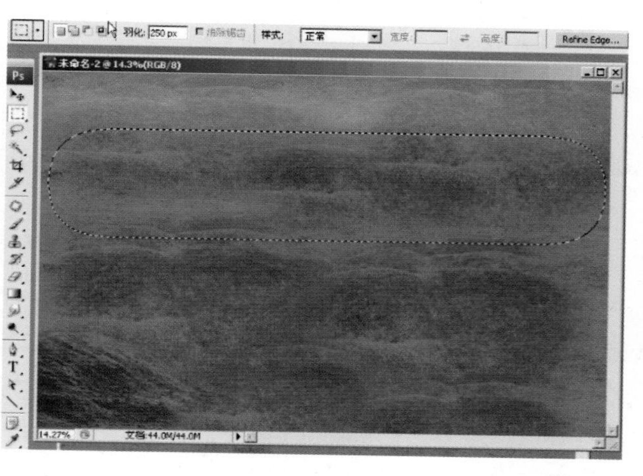

图10.49

根据实际情况把握，曲线调整幅度小一些，如图10.50所示。调整结果如图10.51所示。

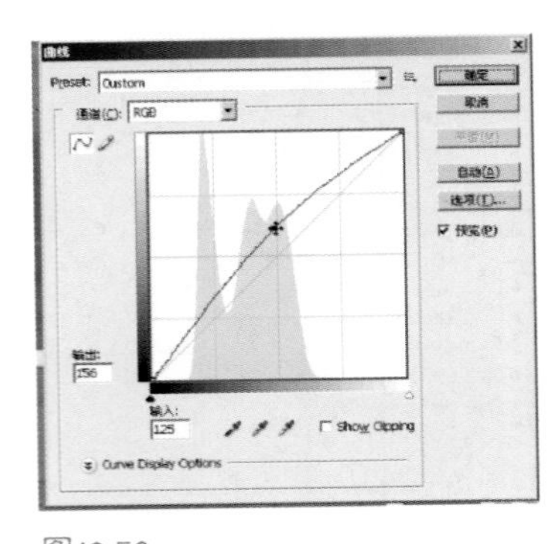


图10.50

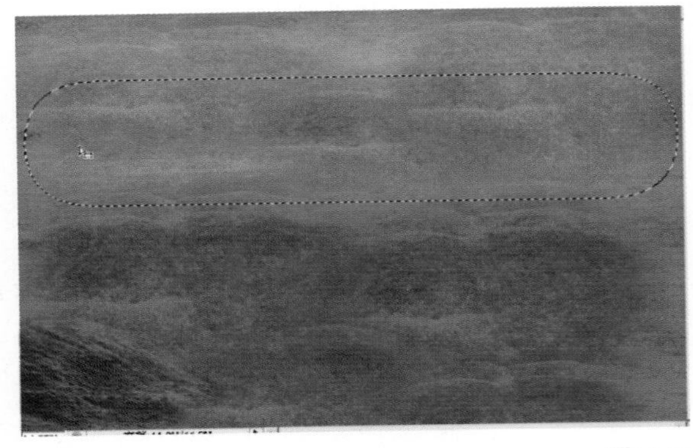

图10.51

最后选中中下部，进行同样的调整，羽化值为250，如图10.52所示。曲线调整幅度更小些，如图10.53所示。

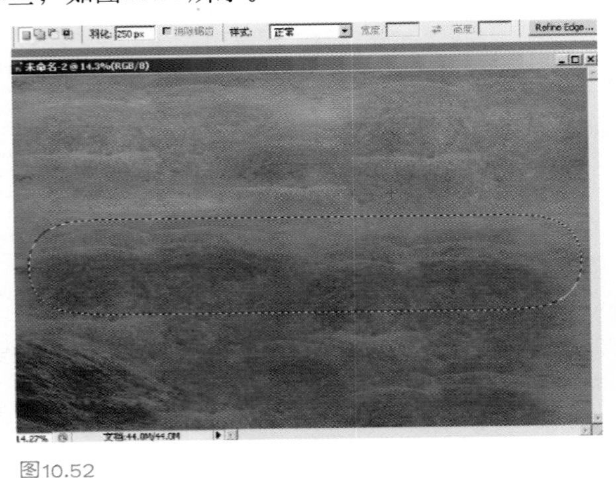


图10.52

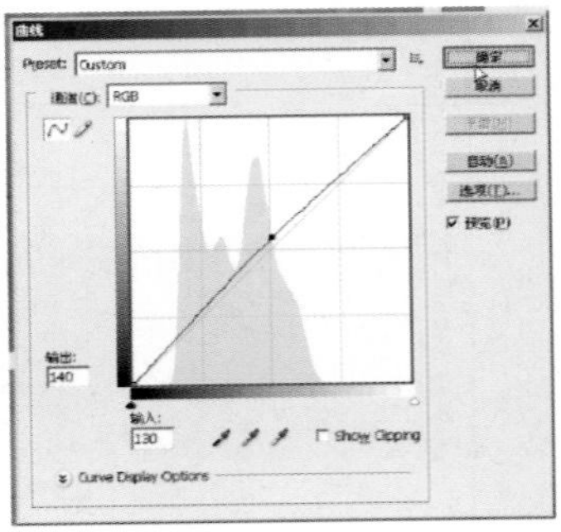

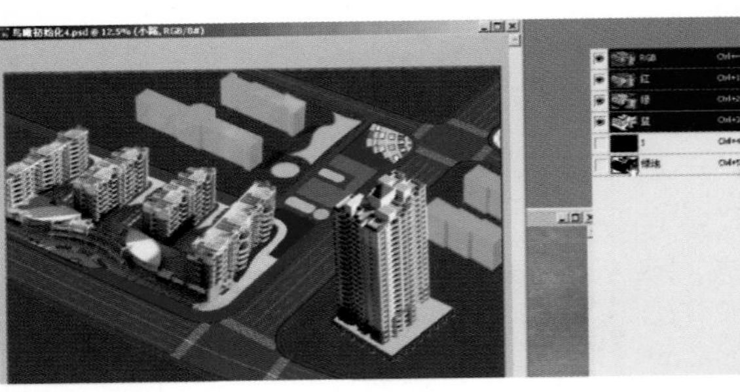


图10.53

（9）合成草地，操作步骤如下。

将草坪移动到鸟瞰场景中，如图10.54所示。

打开通道画板，调用绿地，选择范围，按住Ctrl键单击绿地通道，如图10.55所示。

图10.54

图10.55

打开选择范围后，草地图层如图10.56所示。

选中草地图层，单击图层面板上的快速蒙版按钮，如图10.57所示。

图10.56

图10.57

很快绿地就铺设好了，结果如图10.58所示。

完整绿地铺设效果，如图10.59所示。

图10.58

图10.59

（10）需要注意由于地面的面积较大，它与建筑墙面的明度关系，在整个画面中一个很重要的对比。可以从日常生活中很简单的一个现象来说明一个很基本的道理，建筑物与地面是相互垂直的关系，如果不谈材质本身的区别，仅从相互位置关系来看，可有如下的分析。

当阳光的角度与地面的夹角成45°时，地面与建筑立面所受的光照是相等的，两者所表现的明度相当。

如果角度小于45°时，建筑比地面接受光照更加强一些，因而建筑物的亮度较亮，地面的亮度较暗。

如果角度大于45°时，则相反，地面的亮度较亮，建筑物立面较暗。

## 10.3.3 制作公路及小径

（1）马路围绕着小区的四周，它将所要表现的区域与周围的绿地分开，这一部分的处理通常是较为“低调”，不能表现得太突出，色彩的纯度和明度都应当较低，在视觉的感受上，要让这一部分能够“沉”得下去，不要让它“浮”起来。

用工具栏中的魔棒工具在通道面板上选择马路区域，设置容差为15，抗锯齿。如果不能一次选择完毕，可按住Shift键，用魔术棒在未选上的区域内再单击选取，或者直接执行“选择”→“选取相似”，来选择所有的马路区域。当所有马路选取完之后，再执行“图像”→“调整”→“亮度/对比度”命令(或按Ctrl+B键)，设置参数值，亮度为–30，对比度为–10，单击“OK”按钮，地面的明度和色彩纯度均降低下来。

地面是由近处向远处延伸，在表示这种关系时，应当将对地面的远近作不同的处理，远处的地面应当较近处的地面稍稍“灰”一些。

（2）接下来演示部分马路的制作。在通道中选取马路，如图10.60和图10.61所示。

图10.60

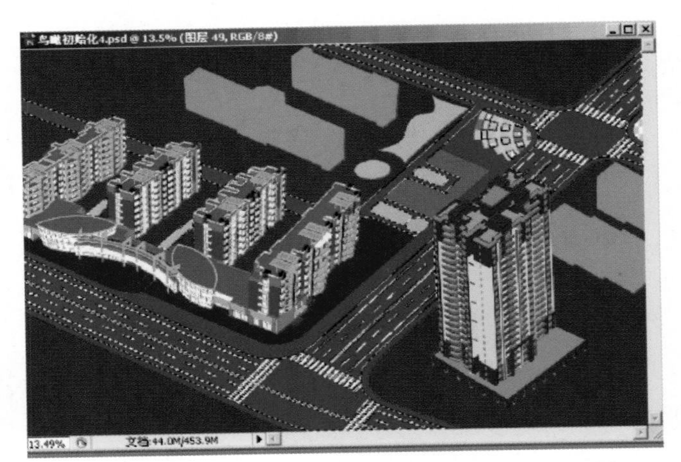

图10.61

保存马路选区，如图10.62所示。

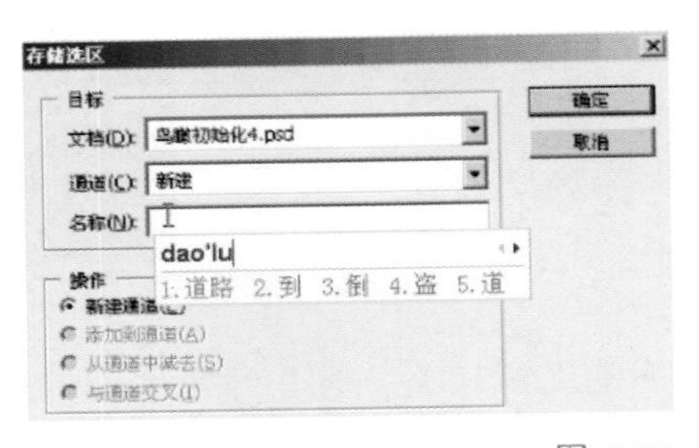


图10.62

（3）新建马路图层，在马路图层中调出马路选区，打开渐变工具，选择实底渐变类型，选择前景到背景方式，如图10.63所示。

设置前景色为深灰色，如图10.64所示。

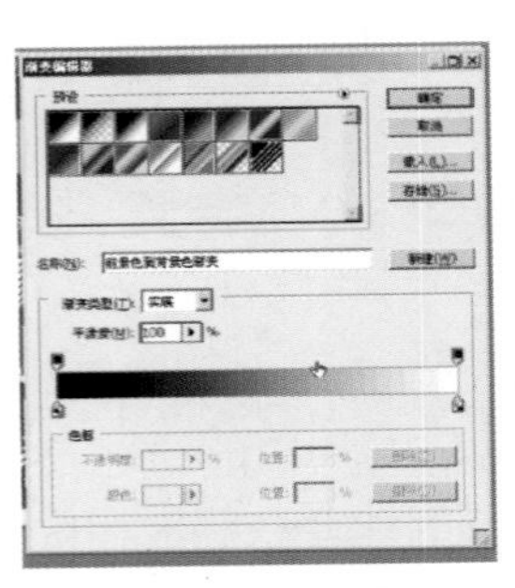

图10.63

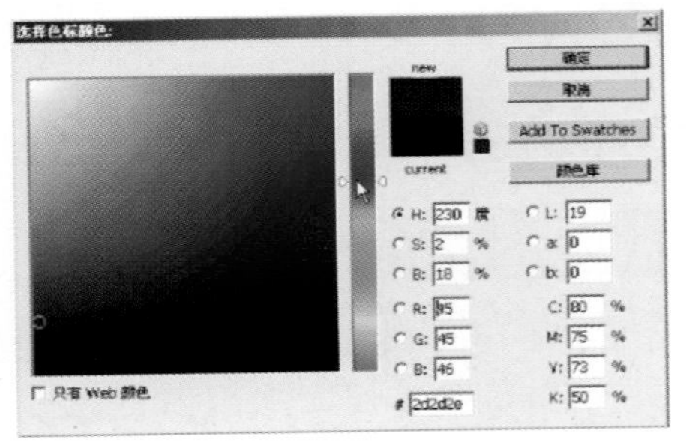

图10.64

反复拖拽鼠标，调整如图10.65所示。

再双击马路图层，打开图案叠加样式，选择一种合适的图案，也可以自己处理出马路的纹理，进行叠加，如图10.66所示。

叠加不能完全覆盖，注意要调整叠加的透明度为10%左右，视实际情况调整，如图10.67所示。

图10.65

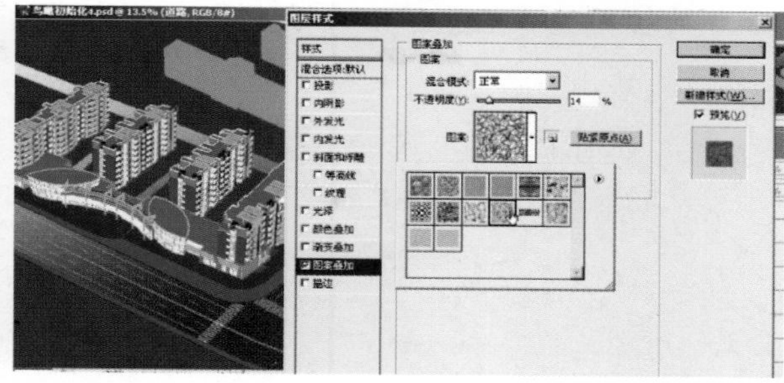

图10.66

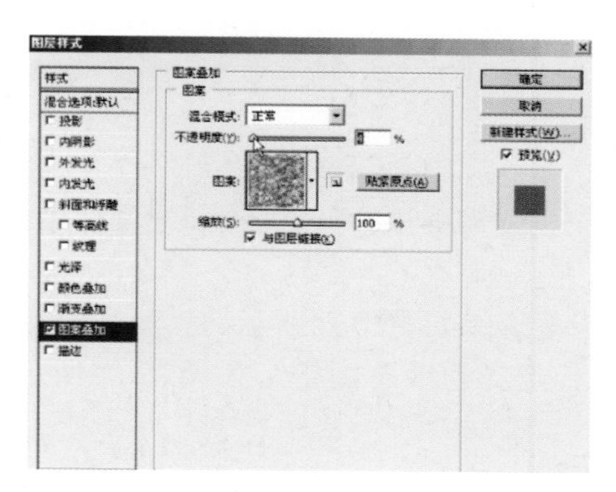

图10.67

也可以打开颜色叠加调整，使用同样不透明度叠加，如图10.68所示。
最后调整色彩平衡，如图10.69所示。

图10.68

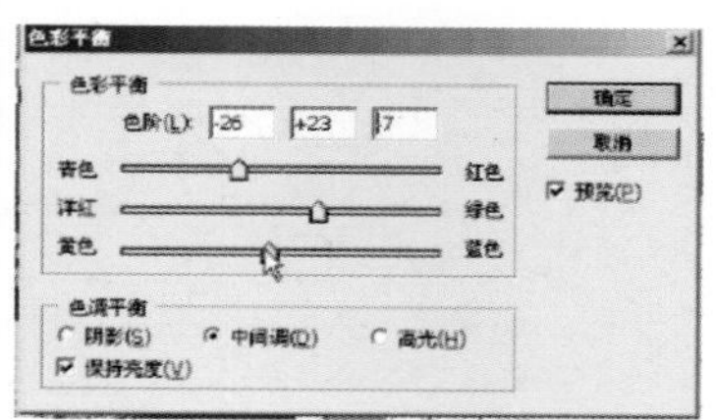

图10.69

（4）马路中间的颜色与两边的深浅不同，中间的部分颜色较重，两边的部分颜色较浅，为了表现这一现象，可用工具栏中的喷笔来完成，将前景色设置为黑色，选择喷笔的参数，透明度为10%，方式为标准，喷笔的直径为100，硬度为0%，流量为25%，角度为0，圆形为100%。在用喷笔时，要注意到它的压力值较小，若要画得重一些，需要多喷几笔才能达到效果，近处的路面稍重，可多喷几笔，反之，远处的地面则需少喷一些。如果要使喷笔喷出直线的效果，可以只喷起点和终点这两个点，在喷的同时要按住Shift键，这样就可保证起点和终点之间连成一条直线。

（5）制作小区内的道路。马路和住宅小区内的道路要有所区分，小区内的道路是规划设计的范围，它勾勒出小区内的区域划分，同时也在各建筑之间起着联系的作用，在统一的明暗调子对比下，应当在材质上和色彩的表现上都要有所考虑。

## 10.3.4 制作地砖

（1）新建地砖图层。

（2）在通道中选取规划为地砖贴图的地面，保存选区，如图10.70所示。

打开地砖贴图图片定义为图案，如图10.71所示。

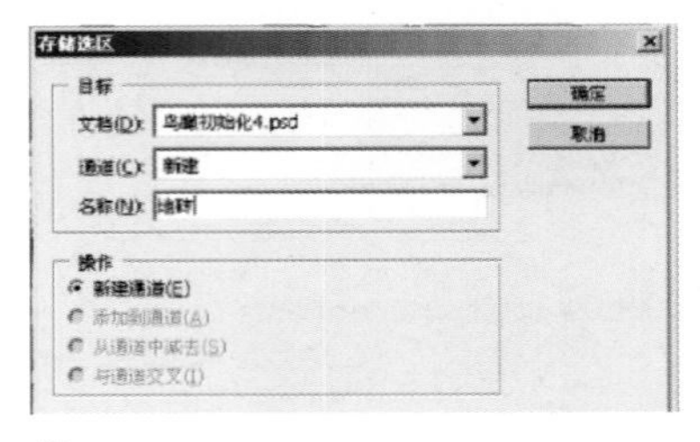


图10.70

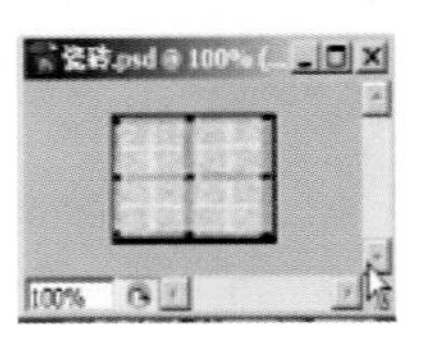


图10.71

选择地砖图案填充到一张分辨率为800×800的新建文件中，如图10.72所示，结果如图10.73所示。

对该图片自由变形为正菱形，如图10.74所示。

从图中截取一片图案，定义为地砖图案，如图10.75所示。定义图案，如图10.76所示。

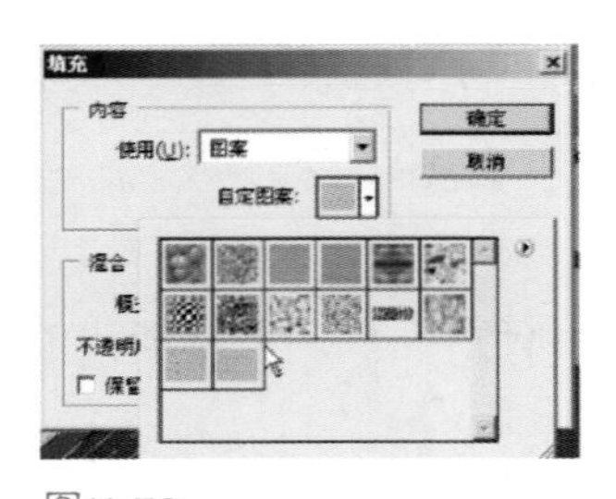


图10.72

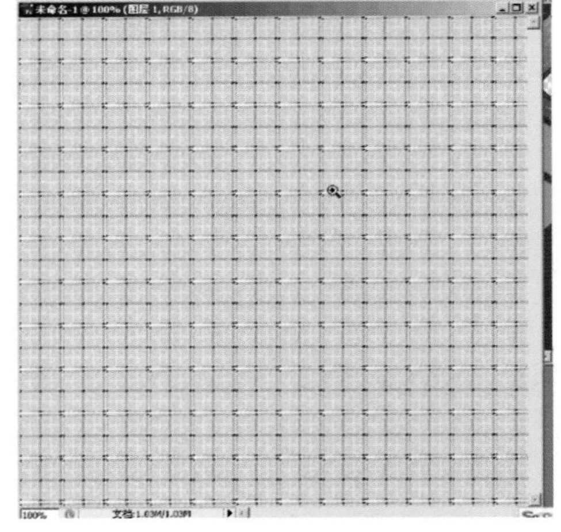

图10.73

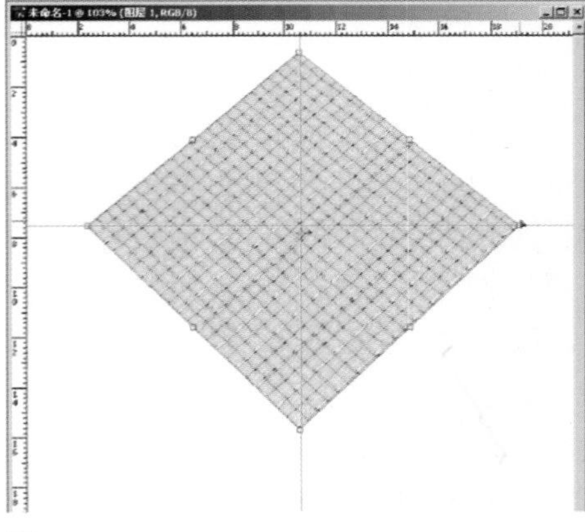

图10.74

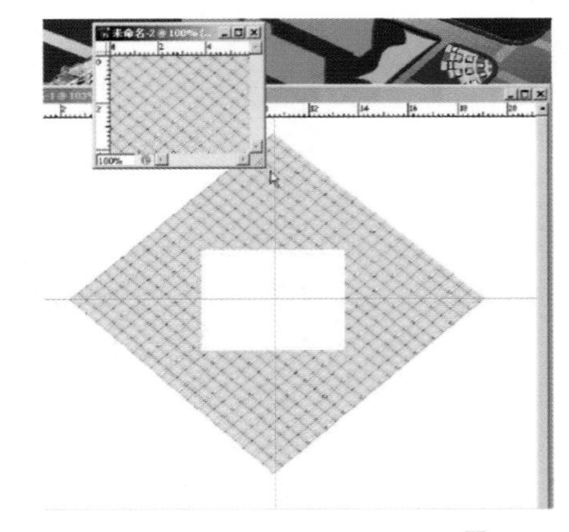

图10.75

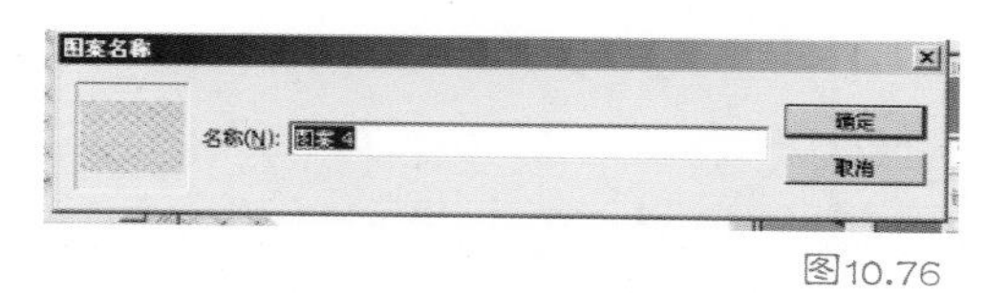


图10.76

注意此处这样烦琐的处理是为了让地砖看起来有一定倾角并且拼接处没有接缝。

填充至鸟瞰图地砖图层，调整亮度和对比度，如图10.77所示，结果如图10.78所示。

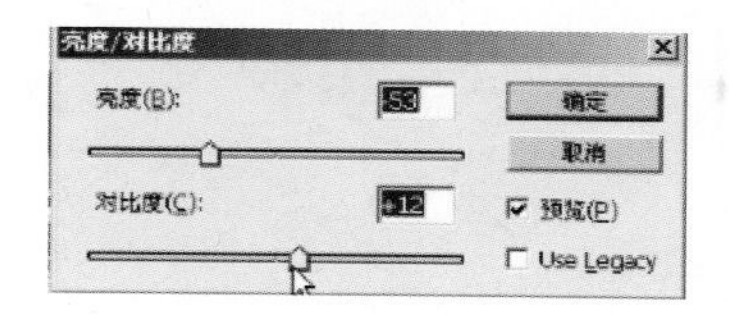


图10.77

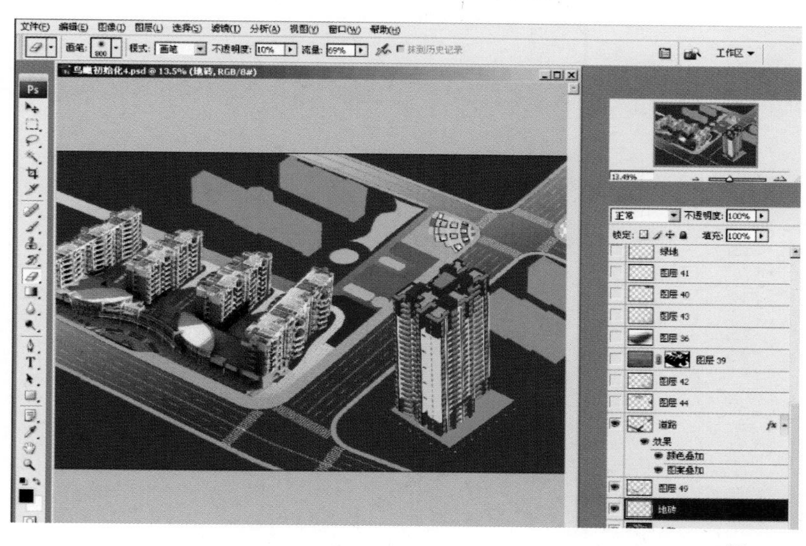

图10.78

## 10.3.5 配景及其他

（1）打开配景图片037.jpg文件（见素材包），使用套索工具，调整羽化值为50，抠取配景图的一角，如图10.79所示。

图10.79

复制并移动到鸟瞰图左下角处，再使用橡皮擦工具，调整为半透明，对边缘进行擦除修饰，结果如图10.80所示。

图10.80

（2）打开背景楼.jpg文件（见素材包），羽化选区，羽化值为50，选取图10.81所示位置。

图10.81

复制移动选取部位到鸟瞰场景中图10.82所示位置，使用自由变形工具调整大小比例。

其他不需要重点表现的楼体处理成灰色调，使其不影响主体，如图10.83所示。

图10.82

图10.83

## 10.3.6 合成水景部分

首先介绍一下用图章和修复工具复制其他区域。

（1）需要介绍一个重要的工具，这就是工具栏中的图章工具（或按S键），它能将画面中某一部分的内容复制到画面的另一个区域，其作用类似于复制，但是比复制更加方便、快捷、灵活。下面介绍该命令的具体操作方法：

图章工具的使用需要用鼠标单击工具栏中的印章工具后，再在图像两个不同的区域各单击一次，才完成了印章的设置，才能使用印章工具。

鼠标单击印章工具之后，在图像的两个不同区域内各单击一次，才能使用印章工具，这两个不同的区域分别称为“源区域”和“目标区域”，第一次单击区域为“源区域”，这一区域内的图像将被复制到其他区域。按住Alt键，单击鼠标的左键。第二次单击的区域为“目标区域”，其他区域内的图像将被复制到该区域来，直接用鼠标的左键单击（不用再按Alt键）。设置完之后，便可以使用该工具了。

（2）下面结合实例来介绍修复工具的使用。

首先打开005.jpg图片（见素材包），套索工具羽化值为30，选取泳池部分，如图10.84所示。

调整泳池的透视，如图10.85所示。

图10.84

图10.85

接下来使用橡皮擦工具擦除周围太绿的边，如图10.86所示。

调整色调，减少蓝色参数，如图10.87所示。

图10.86

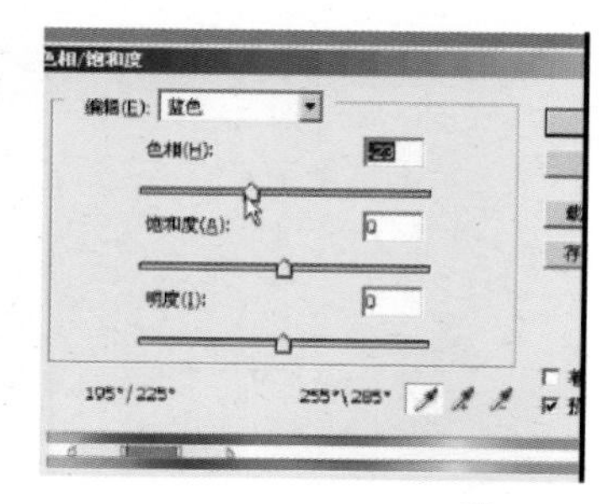


图10.87

最后使用修复工具和图章工具修复池面阴影、路灯灯柱，如图10.88和图10.89所示。

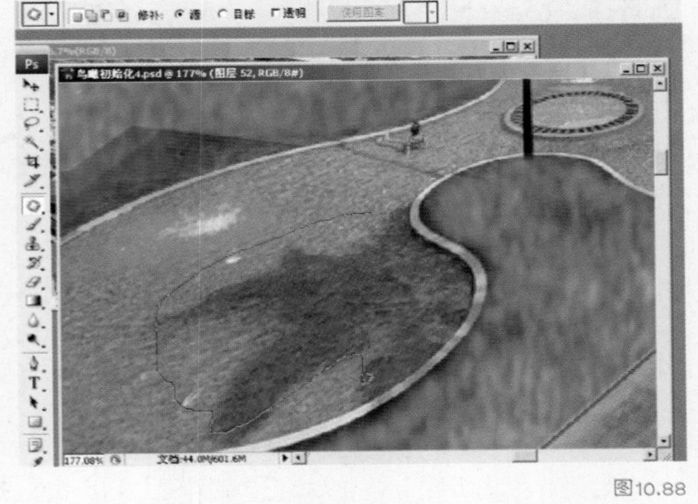

图10.88

图10.89

结果如图10.90所示。

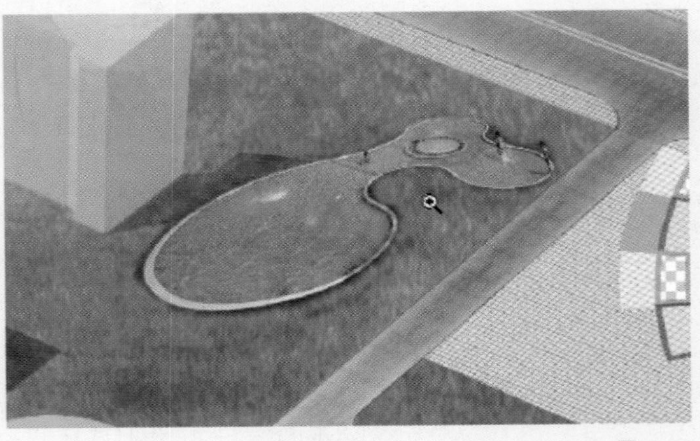

图10.90

（3）合成喷泉，操作步骤如下。

打开喷泉贴图，调整好比例，如图10.91所示。

图10.91

调整色调，使其与场景融合，如图10.92所示，调整色阶，如图10.93所示。

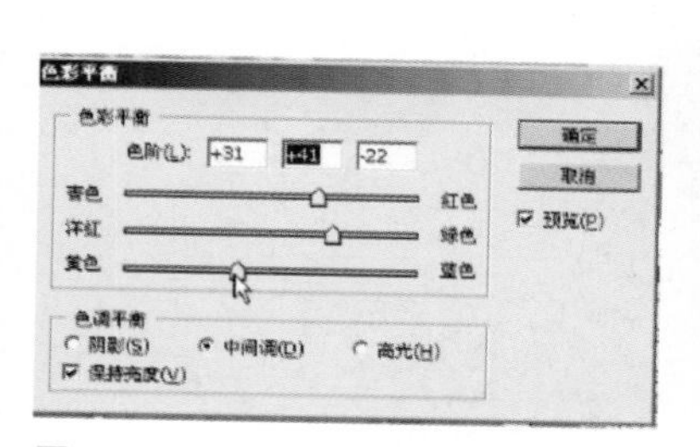


图10.92

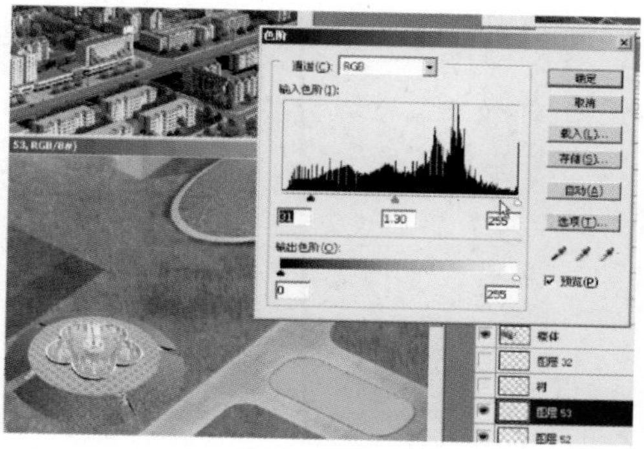

图10.93

合成水池池面，打开Bal01072.jpg文件（见素材包），如图10.94所示。水面贴图如图10.95所示。

调整到图10.96所示的位置。

选中池面后按Ctrl+Shift+I反选，按Delete删除多余部分贴图，如图10.97所示。

图10.94

图10.95

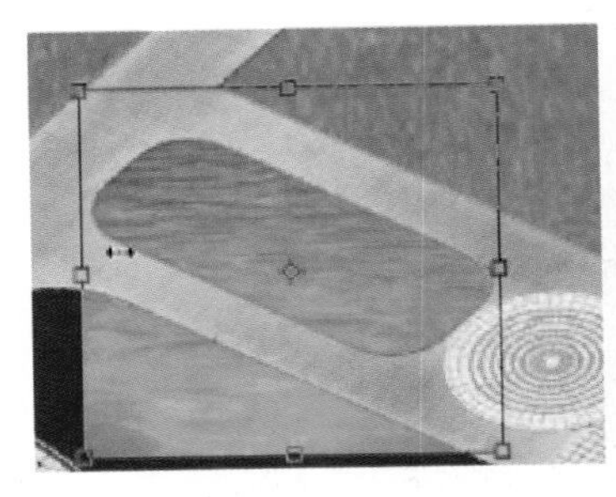

图10.96

图10.97

## 10.3.7 人物制作

（1）首先使用定义图案的方法填充好地面，如图10.98所示。

（2）打开人物贴图若干，如图10.99所示。抠取人物贴图，如图10.100所示。

图10.98

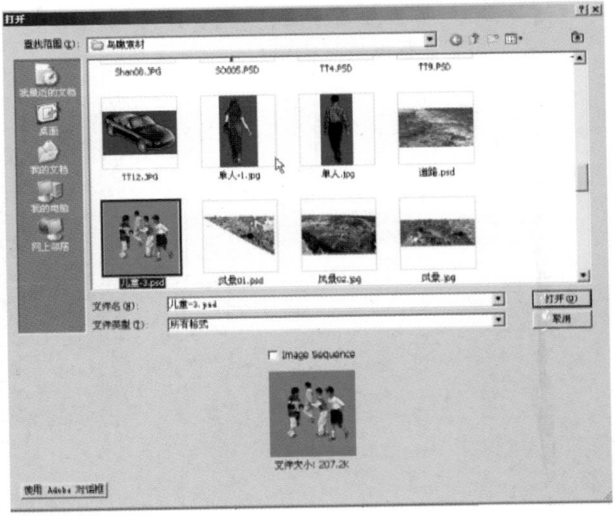

图10.99

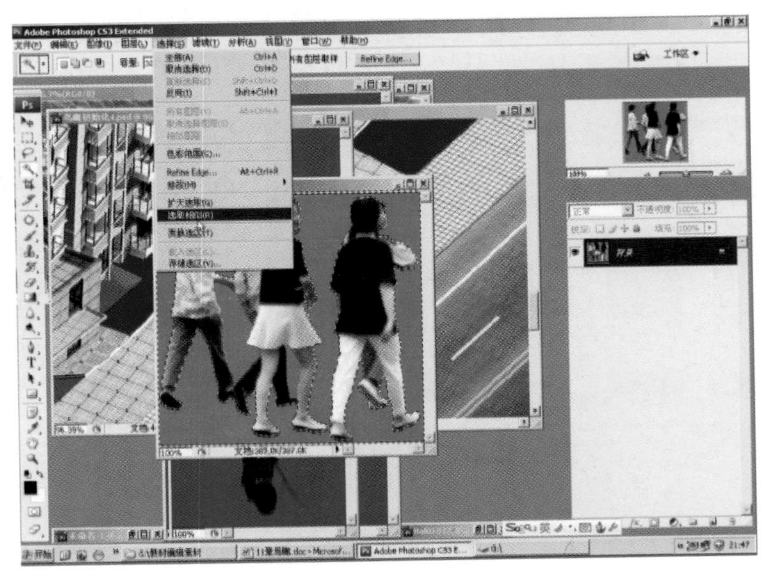


图10.100

打开更多贴图，如图10.101所示。

图10.101

对照楼体等参照物调整好人物的大小比例（注意很多人会错把人做得比两三层楼还高），如图10.102所示。

贴上更多人物贴图，如图10.103所示。

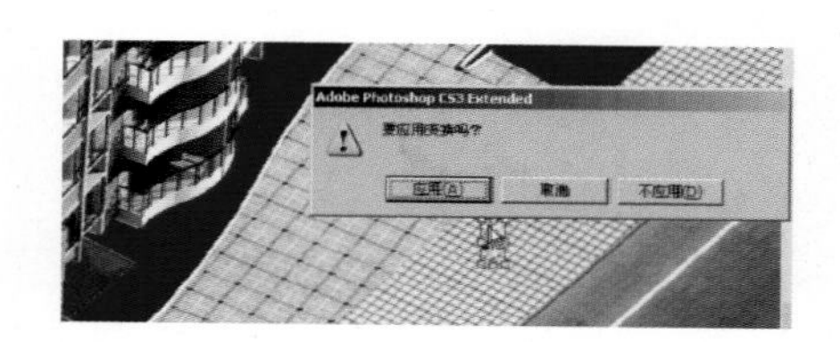


图10.102

图10.103

合并人物贴图为同一图层，并命名为“人”，如图10.104和图10.105所示。

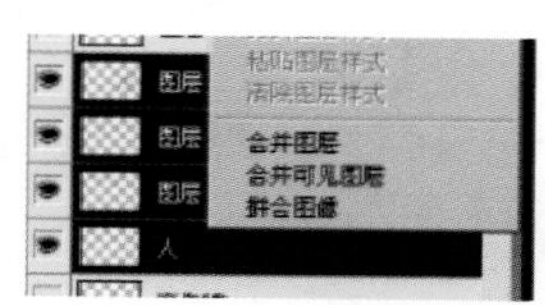


图10.104

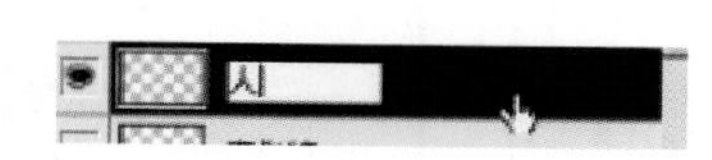


图10.105

选中部分人物，按住Alt键复制出更多人物，根据需要放置到各个部位，调整好色调和明暗关系，以及大小比例，如图10.106所示。

图10.106

## 10.3.8 汽车的合成

（1）在画面进行汽车贴图之前，首先要增加新的层，命名为“汽车”，所有的汽车贴图均在该层上进行。

马路上行驶的汽车，色彩不同，由于它所占画面的面积较小，在画面的众多元素中相当于一个点的元素，它可以增加路面的变化和环境的气氛。在汽车贴图时要注意保持正确的透视关系，注意汽车的行驶方向，如果与交通规则相违背，看起来总是别扭。汽车的色彩纯度不必降得太低，因为它们在画面中所占的面积较小，而且又比较分散，不会影响主体建筑在视觉上的表现力，只是要掌握好“度”。在排列汽车时，注意疏密分开，不要均匀排列。

（2）打开TT12.jpg汽车贴图文件（见素材包），如图10.107所示。

把汽车贴图移动到鸟瞰场景马路上，调整好色调、大小比例及透视关系，如图10.108所示。

图10.107

图10.108

根据实际需要调整色阶，如图10.109所示。

使用变形工具调整好透视关系，如图10.110所示。

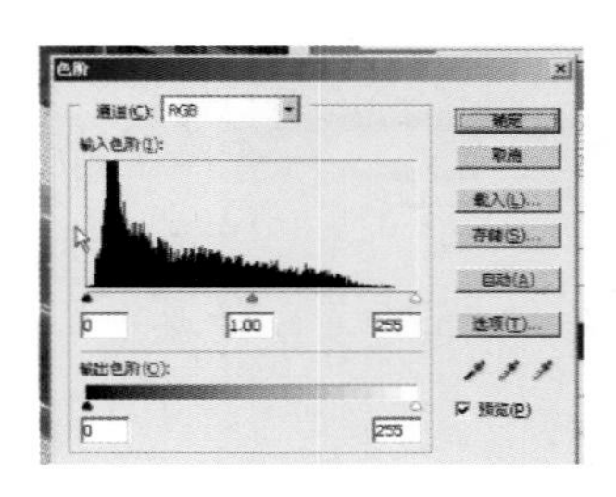

图10.109

图10.110

为了使汽车显得有快慢之分，可以增加动感模糊特效来体现汽车的不同速度贴图效果，打开套索工具，调整羽化值为20，选择汽车车头，如图10.111所示。选择图10.112所示的部位，反选。

反选后，对汽车尾部使用动感模糊，如图10.113所示。设置参数，如图10.114所示。

图10.111

图10.112

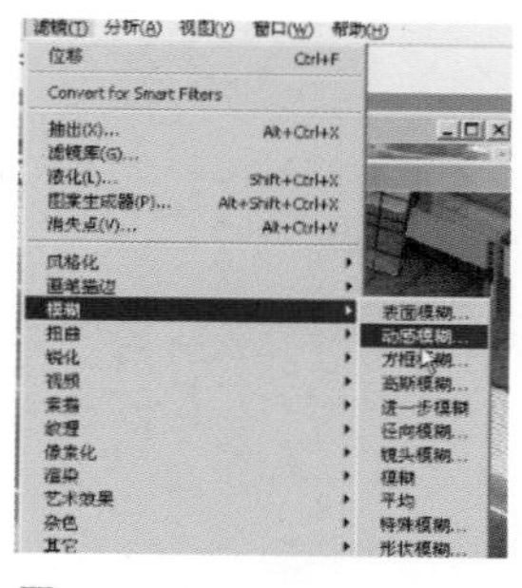

图10.113

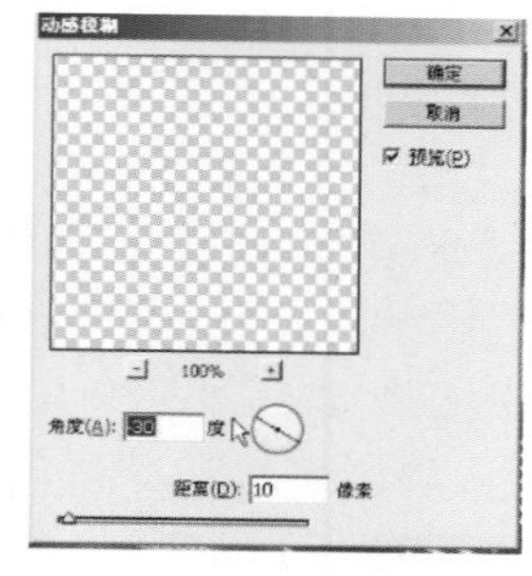

图10.114

结果如图10.115所示。制作好其他汽车，如图10.116所示。

图10.115

图10.116

## 10.3.9 制作路灯、标示与旗帜

打开路灯与广告牌图片，如图10.117所示。

图10.117

调整好方向，使阴影与其他主体相符，如图10.118所示。沿街放置，调整好大小比例、色调明暗等关系，如图10.119所示。

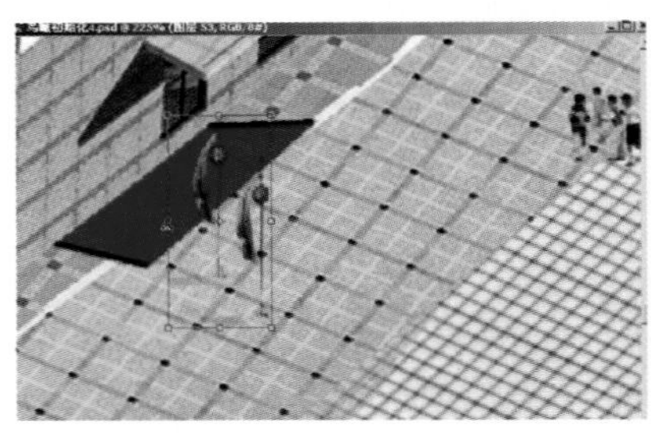

图10.118

图10.119

## 10.3.10 制作投影

（1）画面中元素的贴图一般都没有加上影子。如果没有投影，这些贴图元素就像没有“扎下根”一样“漂”在画面上，容易产生视觉错位。只有加上了影子，才能使它们“定”在地面上，才能确定它们在画面中的空间位置。

（2）制作楼体的影子，画好选择范围，注意选择好图层草地上的影子和楼体上的影子，分别在不同的图层处理，如图10.120所示。

使用色相/饱和度工具调整参数，影子色调通常冷一些，如图10.121所示。

图10.120

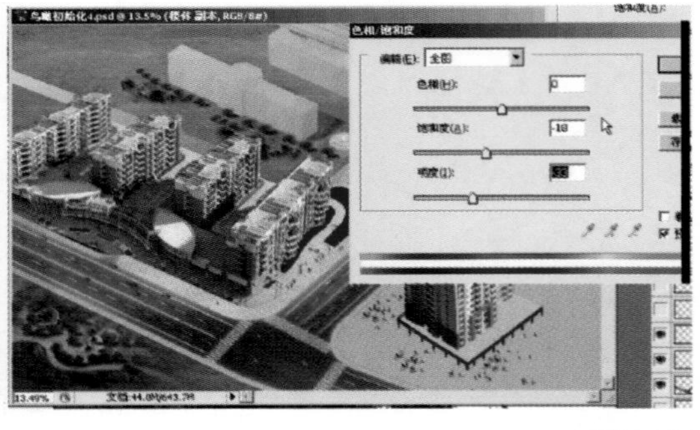

图10.121

（3）制作大楼的影子可以先复制一个大楼图层，将其变形成影子的范围，如图10.122所示，新建影子的图层。

在新图层上填充黑灰色，调整好影子的位置，如图10.123所示。

图10.122

图10.123

调整图层透明度，如图10.124所示。此处还可以使用橡皮擦工具结合羽化等命令给阴影制作出退晕效果。

最后在阴影图层上删除多余部分，如图10.125所示。

图10.124

图10.125

## 10.3.11 其他植物、场景

增加新层，命名为“植物、场景”，并将该层设置为当前层。

画面中的绿地面积较大，也较为单一，还应当有一些其他的植物、场景来丰富画面。如何来完成这大块面积的处理工作，这也是俯视渲染图后期处理的一个关键步骤，很多初学者在处理这一部分时无从下手。这一部分处理的好坏将直接影响画面整体效果。在完成这一部分的操作时，主要应把握以下内容。

1）选择植物、场景的贴图

最快捷的办法是选择一个与画面透视关系相同或相近的图像作为贴图，贴在相应的区域内，表现区域内的环境。

选择图像是很关键的一步，在整个画面的完成过程中，可以用同一贴图在画面中重复使用，这样有利于画面的调整与统一，但在实际的操作中，一幅贴图中的场景常常不够选用，贴出来的场景重复的内容太多，而用多幅图像中的场景来拼接完成较为常见，只是这些贴图的内容要相近，贴完图之后，在画面整体的表现上不能有太明显的区别。

图像选好了之后，选择图像中的哪一个部分来贴到渲染图的哪一个部分，要观察与分析贴图的图像与渲染图之间的实际情况，在不破坏建筑师设计的基础上，背景贴图要注意的是大的整体关系，不要去抠那些小的局部。

2）边界的柔化处理

从贴图图像上抠取部分区域贴到渲染图上，看似一个简单的过程，但如何合理地拼接贴图与渲染图之间、贴图与贴图之间的交接处，并让人看不出它们的交接痕迹，这也是一种技巧。试想如果拼接部分过于生硬，贴图的痕迹明显，其真实性和可信性就会大大地降低，画面效果可想而知。那么如何处理边界的柔化关系呢，下面将作介绍。

以树木的贴图为例，图10.126所示是草地的局部，要将图10.127中所示的树木抠取贴到绿地图片中。

设置羽化值为0，选取树木，首先选择树的范围（图10.128），用工具栏中的套索工具（或按L键）来选择区域，参数选择如图10.129所示，羽化为0，抗锯齿。羽化值的大小是边界柔化的程度，对于实边来说，其值不要太大。另外它还与图像本身的分辨率大小有关，对本图而言，羽化的值为1或2即可。抗锯齿是指图像边界的抗据齿作用，这个开关通常是打开的。按图10.129所示选择树的区域，执行“编辑”→“拷贝”命令（或按Ctrl+C键），将区域内的树复制到计算机缓冲区，再用鼠标激活绿地窗口，执行“编辑”→“粘贴”命令（或按Ctrl+V键），将缓冲区内的图像贴到绿地图片中，对树木的色相、明度和对比度稍加调整后，得到图10.130所示下面实边的树的结果，这是对图像的四周全是实边的处理方法。

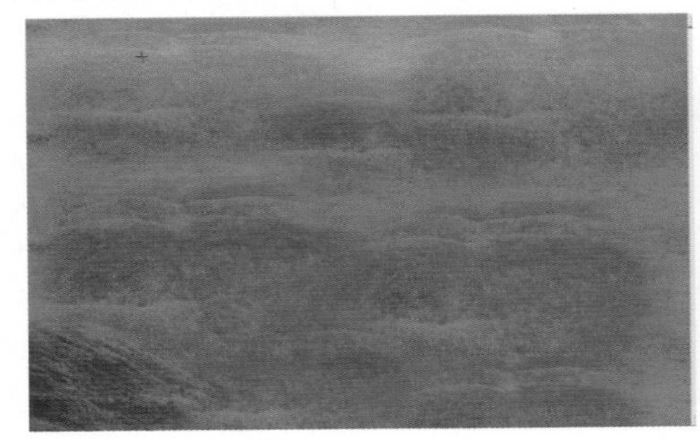

图10.126

图10.127

图10.128

图10.129

图10.130

如果有一些图像区域需要有虚实的过渡交接，则要用到柔化边界处理。例如要把树木前的部分区域（草地）也作为贴图的一部分来参加贴图，其处理方法就有所不同。首先，还是用工具栏中的套索工具（或按L键）来选择区域，参数选择羽化为1，打开抗锯齿。由于选择区域的上半部是树木的枝叶部分，需要实边的表现与处理，故选择时仍按上述方法进行选择，而下半部分的草地需要柔化处理，在选择草地时，要扩大选择区域，以便留出一定的空间作柔化处理，如图10.130上面树所示（注意：这时所选择的草地边界也是实边的）。选择完成之后，可对草地的边界进行柔化处理，仍然用工具栏中的套索工具选择区域，但参数选择如图10.131所示，羽化为15，打开抗锯齿，但这时对草地所做的选择是做“减法”选择，按住Ctrl+Alt键，用套索工具在草地的选择区域上剪裁下一部分，剩下的区域仍然是封闭的选择区域，但边界的虚实关系已经有了变化，实边边界羽化为1，而虚边边界羽化为20，余下草地的边界就有柔化的作用。在画面上看不出来这种变化，只有将选择区域中的贴图复制到绿地图片中，得到图10.132所示效果，从图10.132中才能看出柔化的作用。可见图中的贴图边界与原图像的拼合是如此自然，边界没有任何生硬的痕迹，本例中所有的植物和场景的贴图，它们的边界处理均是采用这种操作手法。

图10.131

图10.132

边界柔化处理的作用很大，它将各个不同图像拼接成为一体。边界柔化的程度主要依据羽化参数的大小，羽化的值越大，边界柔化的程度越高；羽化的值越低，边界柔化的程度越低。

这个命令的学习并不难，只要稍加练习，并在应用中注意分析和积累，不久就能掌握。边界柔化处理不仅仅在这一个地方可以使用，在其他许多地方都可以灵活地应用，能起到意想不到的效果。

## 10.3.12 小区内的树木

（1）增加新层，命名为“小区内树木”，将该层设置为当前层。

小区内树木表现可以采用10.3.11的小区周围树木的表现方法，用贴图和印章复制的方法使小区内绿树成群。为了说明不同的操作方法，本例采用另一种表现形式，即用单棵树的放置表现小区内的绿化。

选择一些单棵树的贴图，用工具栏中的魔棒工具（或按W键）选择背景，对于没有选择上的背景，执行“选择”→“选取相似”命令，将背景全部选上，再反选贴图，选择出树图像。用工具栏中的移动工具（或按V键），按住鼠标的左键，将树从贴图窗口直接拖到渲染图窗口。由于树在渲染图的比例不合适，可执行“图像”→“调整”→“缩放”命令对它进行比例缩放，放置于小区内，再用工具栏中的移动工具来复制，按住鼠标的左键拖放树的同时，按住Alt键，这样可复制许多树。注意不要按固定规则放置，随意之中有安排，要成组地、疏密恰当地放置。绿地的周围可以放一些树，使简单的绿地有一些变化。小区内绿地的色彩纯度要比小区外绿地的色彩纯度稍高一些，以表现相对突出。完成了这些工作之后，渲染图的效果如图10.133和图10.134所示。

图10.133

图10.134

（2）注意在选取树木后一般先要修边，这样可以使树看起来更真实，没有选取后的硬边或白边，如图10.135所示。

（3）树木人物等的阴影制作如下。

此处可以使用外挂滤镜来提高工作效率，安装专门的阴影滤镜，即Photoshop滤镜中的eye candy 3.01滤镜，安装路径如图10.136所示。

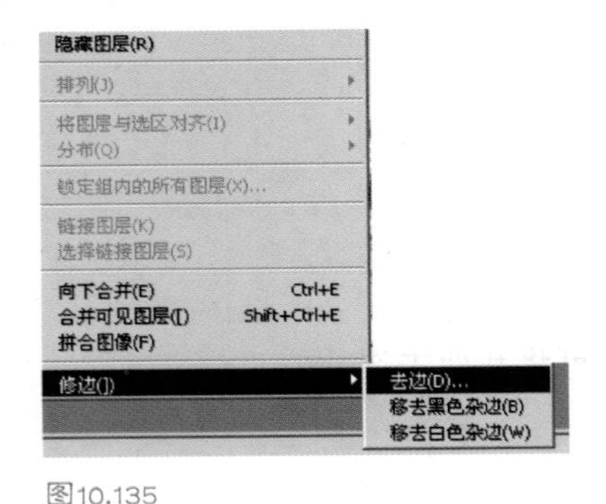


图10.135

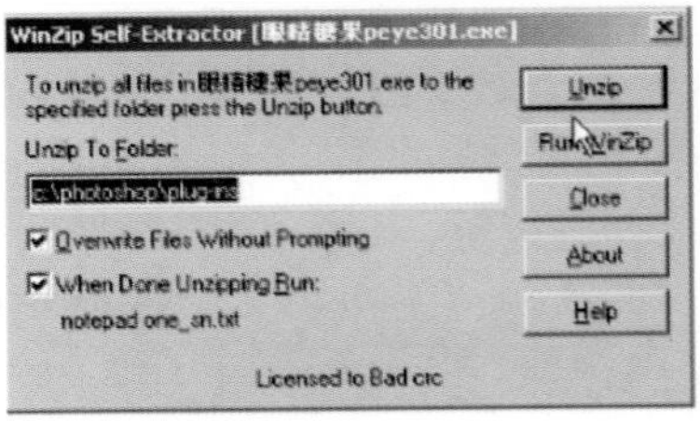

图10.136

重启软件，注册滤镜后才能使用，如图10.137所示。

执行“滤镜”→“眼睛糖果”→“透视”命令，如图10.138所示。

图10.137

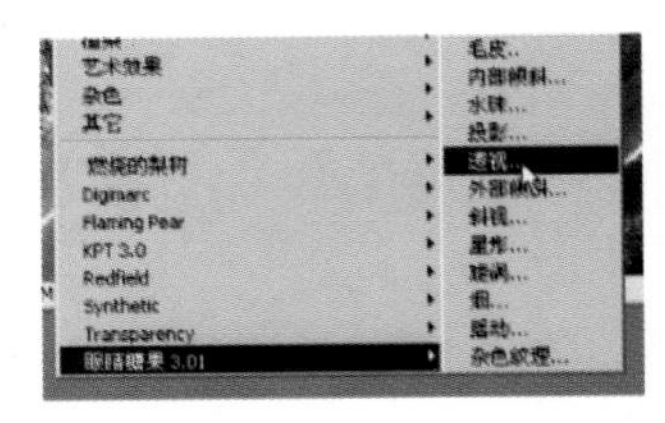

图10.138

打开界面如图10.139所示，可自动生成阴影，十分快捷。

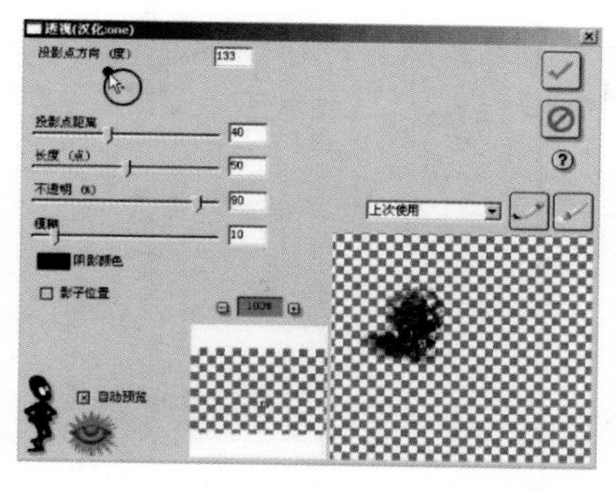

图10.139

（4）路边树制作如下。

新增加名为“路边树”的层，并将该层设为当前层。

树木一般沿着绿地的周围或马路边栽，不要过分强调树木本身的体积感，应当强调的是树木的整体感。它们在画面上的所起到的作用也是不容忽视的，它能缓和绿地与路面之间生硬的交接关系，同时也丰富了画面，还能遮挡部分建筑底部与地面的交接，调整人们的视觉感受，能够通过调整树木之间的距离变化，使画面在这一部分的表现有一定的节奏感，当许多树纵横排列围成了一些区域时，更加突出了区域的分割和需要表现的主体。

树木的贴图如图10.140所示，局部需要稍加调整。

①树木在长度方向上要稍稍压扁一些，才能有俯视的感觉。

②将树木贴图的受光与画面中建筑的受光一致，以免产生光照方面的矛盾。如果不一致，可以进行调整，执行“图像”→“变换”→“水平翻转”命令，进行水平方向镜像操作一次即可。

③如果对树木的造型不是很满意，可对树的造型进行局部修改，如裁剪、补贴等。

调整完毕即可将贴图放入画面，放入的过程就是贴图的过程。用工具栏中的魔棒工具（或按W键，设置参数容差为15，抗锯齿），在树的背景区域内单击一次，选择背景，再执行“选择”→“选取相似”命令，可将其他未选择的背景全部选择完毕。再进行反选，由选择背景反向选择为前景——树。执行“编辑”→“拷贝”命令（或按Ctrl+C键），将所选择的树复制到计算机的缓冲区内，再用鼠标单击并激活渲染图窗口，将缓冲区内的图像粘贴到渲染图窗口内，这时树的大小比例与画面不会相符，可以执行“编辑”→“变换”→“缩放”命令来调整树的比例，使它适合于渲染图环境。

（5）放入的过程中还要注意下列事项。

①这一部分树木的放置要沿着马路和绿地的周围，树木之间的距离不要过于均匀，要成“组”地排放，有节奏地排放，这样在画面的表现上才不会“呆板”。

②调整贴图的明暗，可以执行“图像”→“调整”→“亮度/对比度”命令(或按Ctrl+B键)，在弹出的对话框里设置参数，亮度为-30，对比度为10，单击“OK”按钮完成操作。再对贴图的色彩进行调整，执行“图像”→“调整”→“色彩平衡”命令，弹出对话框，参数设置分别为“5，-25”，单击“OK”按完钮成操作。

③注意调整树的远近关系，距离较近的树色彩稍重一些，稍远处的树木色彩稍淡一些。

④在建筑阴影中的树木要注意加深，以保证画面的统一性。

放完树木的贴图之后，画面上大的关系基本上确定，如图10.140所示。

图10.140

（6）其他配景的添加方法基本相同，此处就不赘述（注意多收集一些类似配景素材），如图10.141所示。

图10.141

（7）修正贴图的透视关系。一般说来，选择的贴图图像，其透视关系与渲染图画面的透视关系是很难相同的，关键是要看这种不相同的程度如何，是否可以修正。如果仅仅有一些不同或是太明显，应设法修正。对于一些较为平面的图像，修正起来稍容易一些，如草地、河流、道路、树木等。而对于立体感较强的图像，修正起来则困难得多，如建筑（尤其是高层建筑）。本例中的草地贴图是比较容易处理的，若其变形程度与画面的透视相差不大，可通过调整图像来符合画面的透视关系。如果贴图部分的透视关系与渲染图中被贴图部分的透视关系相差很大，无法修正的情况下，应当舍弃，如果勉强应用，反而会破坏整个画面的协调性。

有关修正图像透视的操作过程，主要用以下命令来完成，如图10.142所示。

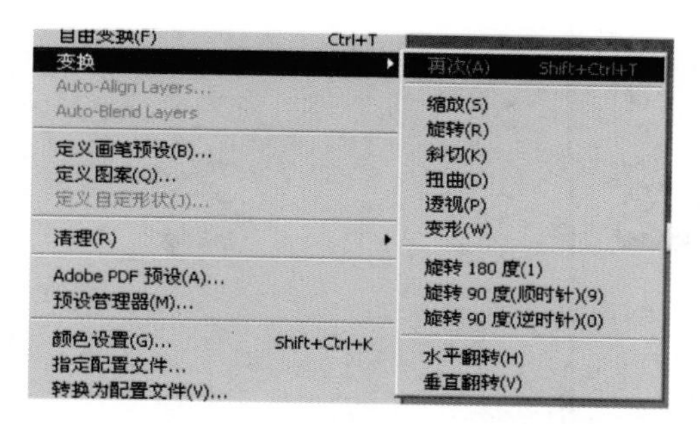


图10.142

缩放（比例缩放）：处理平面性较强或低矮建筑群的图像作用较大。

斜切：对于一些稍高的、透视角度较大的建筑，为了修正透视线，可用此命令。另外，为了将一些平面性较强的图像归纳到规定的透视中，也可用此命令。

透视：对于已有的透视，若要强化或减弱其透视关系，可用此命令。

扭曲：用以调整一些局部的透视关系。

有时，根据内容的需要，还要用到其他一些命令。

旋转：用于调整光影关系、透视关系，或画面内容的需要；

旋转180°、旋转90°（顺时针）、旋转90°（逆时针）：这些命令都是对图像的旋转处理。

综上所述，这些命令一般都不能单独地解决问题，而是组合在一起来解决问题，如何应用软件并不困难，主要是如何认识和分析对象并且表现对象，将这些处理命令组合起来应用就可解决在贴图过程中有关透视的问题。

如图10.143所示修正花盆的透视关系，调整如图10.144所示。

图10.143

图10.144

调整是最后一步工作，在前面所进行的绘图过程中，一直在进行着局部的操作处理，尽管在每一步的过程中，都注意整体画面的效果，但仍不免有一些局部的行为，如局部观察和局部作画的内容。在画面不断丰富的过程中，有一些前面做过的工作需要重新调整和完善。在画面的全部贴图都处理完成，并且有了画面整体的明暗和色调关系之后，最后的调整是必不可少的。由于电脑渲染图是数字信息，图像是分层操作，修改起来极为方便，根本不用担心因“调色”而引起的画面变脏。但是在一般情况下，建议最好不要对画面“大动干戈”，不要对画面的整体色调全盘否定，如不要把画面的晴空万里改成晚霞满天。因为大量的修改会使前面几乎全部工作重新来一遍，部分的疏漏难以避免，再则大面积的色调关系可能是改过来了，但复杂的阴影关系修改起来可就困难多了。另外，电脑渲染图是为工程服务的，它不像那些纯绘画艺术那样，有足够的创作和绘画的时间，当修改的过程中发现时间不够时，则免不了要影响画面的质量。

## 本章小结

本章示范整个鸟瞰图制作过程，在制作技术方面使用得很全面，而且大量介绍了后期特效的制作。从基础的配景贴图到插件运用，到实用技巧及后期制作注意事项，使大家初步了解后期制作的主要内容和意义。强调了画面构图的重要性，在不断提高技术水平的同时，还要注意美术功底的提高。

## 习　题

1．选择题

(1) 鸟瞰通道图渲染插件BeforeRender应当安装在哪个菜单下？(　　)

A．工具　　B．分组　　C．渲染　　D．文件

(2) 通道图渲染分辨率与原始渲染图的关系(　　)。

A．同样大　　B．大于原始图

C．小于原始图　　D．可大可小

(3) 鸟瞰图绿地铺设使用了哪些工具和技术，最贴合的选项为(　　)。

A．动作，笔刷，色彩平衡　　B．选择，图层，滤镜

C．印章，复制，移动　　D．无缝贴图，羽化，通道，蒙版，变换

2．简答题

(1) 鸟瞰图分为哪几类？举出几种鸟瞰图配景及远、中、近景处理要点。

(2) 简述一种鸟瞰图制作表现过程。

3．实训题

(1) 实训目标：学会制作通道图及各种鸟瞰效果图，掌握鸟瞰图制作操作流程，并在这个过程中掌握各种工具，如无缝贴图技术，羽化、蒙版，变换、滤镜、图层、通道等工具，协调运用。

(2) 实训要求：结合3ds max等软件完成至少一张鸟瞰效果图的制作。

上机操作完成，在实训过程中通过学生独立制作，同学间进行相互评价等环节来突出学生的主体作用，调动学生学习的积极性和主动性。由教师介绍该实训的意义、要求和注意事项，然后将实训课题布置给学生。学生依据3ds max和Photoshop的基本操作知识，分析该实训项目所需的操作命令，上机操作按步骤进行制作。制作完成后将各人的成果展示出来，由制作人进行演示和解说，教师对实训过程中遇到的普遍性问题给予总结和说明，再进行改进。最后进行快速拓展练习。

# 参 考 文 献

[1] 李锐，李哲．Photoshop Cs3中文版完全自学教程．北京：机械工业出版社，2008．
[2] 高志清．Photoshop效果图后期处理技能特训．北京：中国水利水电出版社，2003．
[3] 张颖，张轶．Photoshop Cs3中文版平面设计完全自学手册．北京：机械工业出版社，2008．
[4] 潘晓菁．Photoshop计算机辅助设计．北京：化学工业出版社，2006．
[5] 李绍勇．Photoshop建筑效果图处理．北京：兵器工业出版社，2008．
[6] 陈柄汗．中文Photoshop室内外效果图制作应用与技巧．北京：机械工业出版社，2006．
[7] 马凌云，等．学有所成——3ds max/Photoshop室内效果图制作技巧与典型实例．北京：人民邮电出版社，2004．
[8] 王竹泉，等．Photoshop CS图像处理技术精粹．北京：兵器工业出版社，北京希望电子出版社，2005．
[9]（韩）李善秀．建筑效果图后期处理技法．北京：中国青年出版社，2005．
[10] 张拓．3ds max 4.5、Photoshop 7建筑效果图制作精粹．北京：北京希望电子出版社，2002．
[11] 徐宝华．鼎盛建筑画Ⅰ．南昌：江西科学技术出版社，2004．
[12] 姚勇，鄢峻．红色风暴Ⅱ——渲染篇．北京：中国青年出版社，2005．
[13] 刘峰，等．Photoshop CS建筑效果图后期处理应用技术．北京：机械工业出版社，2004．
[14] 顾涛．Photoshop CS效果图后期制作经典作品赏析．北京：中国电力出版社，2004．
[15] 李大友．平面图像制作——Photoshop及其应用．北京：中国电力出版社，2003．

# 北京大学出版社高职高专土建系列技能型规划教材

| 序号 | 书号 | 书名 | 编著者 | 定价 | 出版日期 |
|---|---|---|---|---|---|
| 1 | 978-7-301-12335-5 | 建筑工程项目管理 | 范红岩 宋岩丽 | 30.00 | 2008.1<br>(第 4 次印刷) |
| 2 | 978-7-301-12337-9 | 建筑工程制图 | 肖明和 | 36.00 | 2008.4<br>(第 2 次印刷) |
| 3 | 978-7-301-13578-5 | 建筑工程测量 | 王金玲 周无极 | 26.00 | 2008.5<br>(第 2 次印刷) |
| 4 | 978-7-301-12336-2 | 建筑施工技术 | 朱永祥 钟汉华 | 38.00 | 2008.7<br>(第 4 次印刷) |
| 5 | 978-7-301-13576-1 | 建筑材料 | 林祖宏 | 28.00 | 2008.7<br>(第 4 次印刷) |
| 6 | 978-7-301-14158-8 | 工程建设法律与制度 | 唐茂华 | 26.00 | 2008.8<br>(第 4 次印刷) |
| 7 | 978-7-301-13581-5 | 建设工程招投标与合同管理 | 宋春岩 付庆向 | 30.00 | 2008.7<br>(第 7 次印刷) |
| 8 | 978-7-301-14283-7 | 建设工程监理概论 | 徐锡权 金 从 | 32.00 | 2008.10<br>(第 3 次印刷) |
| 9 | 978-7-301-14468-8 | AutoCAD 建筑制图教程 | 郭 慧 | 32.00 | 2009.1<br>(第 6 次印刷) |
| 10 | 978-7-301-14471-8 | 地基与基础 | 肖明和 | 39.00 | 2009.1<br>(第 4 次印刷) |
| 11 | 978-7-301-14467-1 | 房地产开发与经营 | 张建中 冯天才 | 30.00 | 2009.2<br>(第 2 次印刷) |
| 12 | 978-7-301-14477-0 | 建筑施工技术实训 | 周晓龙 | 21.00 | 2009.2<br>(第 2 次印刷) |
| 13 | 978-7-301-14465-7 | 建筑构造与识图 | 郑贵超 赵庆双 | 45.00 | 2009.2<br>(第 4 次印刷) |
| 14 | 978-7-301-14466-4 | 工程造价控制 | 斯 庆 | 26.00 | 2009.2<br>(第 3 次印刷) |
| 15 | 978-7-301-14464-0 | 建筑工程施工技术 | 钟汉华 李念国 | 35.00 | 2009.3<br>(第 3 次印刷) |
| 16 | 978-7-301-14915-7 | 市政工程计量与计价 | 王云江 | 38.00 | 2009.3<br>(第 2 次印刷) |
| 17 | 978-7-301-13584-6 | 建筑力学 | 石立安 | 35.00 | 2009.4<br>(第 3 次印刷) |
| 18 | 978-7-301-15017-7 | 建设工程监理 | 斯 庆 | 26.00 | 2009.4<br>(第 2 次印刷) |
| 19 | 978-7-301-15136-5 | 建筑装饰材料 | 高军林 | 25.00 | 2009.5 |
| 20 | 978-7-301-15215-7 | PKPM 软件的应用 | 王 娜 | 27.00 | 2009.6<br>(第 2 次印刷) |
| 21 | 978-7-301-15359-8 | 建筑施工组织与管理 | 翟丽旻 姚玉娟 | 32.00 | 2009.6<br>(第 3 次印刷) |
| 22 | 978-7-301-15376-5 | 建筑工程专业英语 | 吴承霞 | 20.00 | 2009.7<br>(第 2 次印刷) |
| 23 | 978-7-301-15443-4 | 建筑工程制图与识图 | 白丽红 | 25.00 | 2009.7<br>(第 3 次印刷) |
| 24 | 978-7-301-15404-5 | 建筑制图习题集 | 白丽红 | 25.00 | 2009.7<br>(第 3 次印刷) |
| 25 | 978-7-301-15405-2 | 建筑制图 | 高丽荣 | 21.00 | 2009.7<br>(第 2 次印刷) |
| 26 | 978-7-301-15586-8 | 建筑制图习题集 | 高丽荣 | 21.00 | 2009.8 |
| 27 | 978-7-301-15406-9 | 建筑工程计量与计价 | 肖明和 简 红 | 39.00 | 2009.7<br>(第 3 次印刷) |
| 28 | 978-7-301-15449-6 | 建筑工程经济 | 杨庆丰 侯聪霞 | 24.00 | 2009.7<br>(第 4 次印刷) |

| 序号 | 书号 | 书名 | 编著者 | 定价 | 出版日期 |
|---|---|---|---|---|---|
| 29 | 978-7-301-15439-7 | 建筑装饰施工技术 | 王 军 马军辉 | 30.00 | 2009.7 (第 2 次印刷) |
| 30 | 978-7-301-15504-2 | 设计构成 | 戴碧锋 | 30.00 | 2009.7 |
| 31 | 978-7-301-15542-4 | 建筑工程测量 | 张敬伟 | 30.00 | 2009.8 (第 3 次印刷) |
| 32 | 978-7-301-15548-6 | 建筑工程测量实验与实习指导 | 张敬伟 | 20.00 | 2009.8 (第 3 次印刷) |
| 33 | 978-7-301-15516-5 | 建筑工程计量与计价实训 | 肖明和 柴 琦 | 20.00 | 2009.8 (第 2 次印刷) |
| 34 | 978-7-301-15549-3 | 工程项目招投标与合同管理 | 李洪军 源 军 | 30.00 | 2009.8 (第 2 次印刷) |
| 35 | 978-7-301-15541-7 | 建筑素描表现与创意 | 于修国 | 25.00 | 2009.8 |
| 36 | 978-7-301-15518-9 | 建设工程监理概论 | 曾庆军 时 思 | 24.00 | 2009.8 |
| 37 | 978-7-301-15517-2 | 建筑工程造价管理 | 李茂英 杨映芬 | 24.00 | 2009.8 |
| 38 | 978-7-301-15658-2 | 建筑力学与结构 | 吴承霞 | 40.00 | 2009.8 (第 3 次印刷) |
| 39 | 978-7-301-15652-0 | 安装工程计量与计价 | 冯 钢 景巧玲 | 38.00 | 2009.8 (第 2 次印刷) |
| 40 | 978-7-301-15613-1 | 室内设计基础 | 李书青 | 32.00 | 2009.8 |
| 41 | 978-7-301-15614-8 | 施工企业会计 | 辛艳红 李爱华 | 26.00 | 2009.8 (第 2 次印刷) |
| 42 | 978-7-301-15598-1 | 土木工程实用力学 | 马景善 | 30.00 | 2009.8 |
| 43 | 978-7-301-15606-3 | 中外建筑史 | 袁新华 | 30.00 | 2009.8 (第 3 次印刷) |
| 44 | 978-7-301-15687-2 | 建筑装饰构造 | 赵志文 张吉祥 | 27.00 | 2009.9 |
| 45 | 978-7-301-15817-3 | 房地产估价 | 黄 晔 胡芳珍 | 26.00 | 2009.9 (第 2 次印刷) |
| 46 | 978-7-301-16905-6 | 建筑工程质量事故分析 | 郑文新 | 25.00 | 2010.2 |
| 47 | 978-7-301-16716-8 | 建筑设备基础知识与识图 | 靳慧征 | 34.00 | 2010.2 (第 3 次印刷) |
| 48 | 978-7-301-16727-4 | 建筑工程测量 | 赵景利 | 30.00 | 2010.2 (第 2 次印刷) |
| 49 | 978-7-301-16731-1 | 建设工程法规 | 高玉兰 | 30.00 | 2010.3 (第 3 次印刷) |
| 50 | 978-7-301-16072-5 | 基础色彩 | 张 军 | 42.00 | 2010.3 |
| 51 | 978-7-301-16732-8 | 工程项目招投标与合同管理 | 杨庆丰 | 28.00 | 2010.3 |
| 52 | 978-7-301-16864-6 | 土木工程力学 | 吴明军 | 38.00 | 2010.4 |
| 53 | 978-7-301-17086-1 | 建筑结构 | 徐锡权 | 62.00 | 2010.6 |
| 54 | 978-7-301-16730-4 | 建设工程项目管理 | 王 辉 | 32.00 | 2010.7 |
| 55 | 978-7-301-16070-1 | 建筑工程质量与安全管理 | 周连起 | 35.00 | 2010.7 |
| 56 | 978-7-301-16688-8 | 市政桥梁工程 | 刘 江 王云江 | 42.00 | 2010.7 |
| 57 | 978-7-301-17331-2 | 建筑与装饰装修工程工程量清单 | 翟丽旻 杨庆丰 | 25.00 | 2010.7 |
| 58 | 978-7-301-16726-7 | 建筑施工技术 | 叶 雯 周晓龙 | 44.00 | 2010.8 |
| 59 | 978-7-301-16728-1 | 建筑材料与检测 | 梅 杨 夏文杰 于全发 | 26.00 | 2010.8 |
| 60 | 978-7-301-16071-8 | 建筑工程计量与计价——透过案例学造价 | 张 强 | 50.00 | 2010.8 |
| 61 | 978-7-301-17762-4 | 3ds max 室内设计表现方法 | 徐海军 | 32.00 | 2010.9 |
| 62 | 978-7-301-16130-2 | 地基与基础 | 孙平平 王延恩 周无极 | 26.00 | 2010.10 |
| 63 | 978-7-301-16729-8 | 建筑材料检测试验指导 | 王美芬 梅 杨 | 18.00 | 2010.10 |
| 64 | 978-7-301-16073-2 | Photoshop 效果图后期制作 | 脱忠伟 姚 炜 | 52.00 | 2011.1 |

电子书(PDF 版)、电子课件和相关教学资源下载地址：http://www.pup6.com/ebook.htm，欢迎下载。
欢迎免费索取样书，请填写并通过 E-mail 提交教师调查表，下载地址：http://www.pup6.com/down/教师信息调查表 excel 版.xls，欢迎订购。
欢迎投稿，并通过 E-mail 提交个人信息卡，下载地址：http://www.pup6.com/down/zhuyizhexinxika.rar。
联系方式：010-62750667，laiqingbeida@126.com，linzhangbo@126.com，欢迎来电来信。